U0266128

生态水文学研究系列专著

生态系统蒸散

余新晓　贾国栋　吴海龙　张学霞　娄源海　刘自强　著

科学出版社

北京

内 容 简 介

本书以大孔径闪烁仪、涡度相关仪、遥感反演法和稳定氢氧同位素技术为基本研究手段，以仪器实测数据、遥感数据以及地形植被本底数据为基础数据，探索了非均一植被及地形下垫面的蒸散特征，量化了常规气象因子在不同季节对蒸散的影响效应，建立了蒸散—植被、蒸散—地形、蒸散—植被—地形模型，并对模型进行了精度分析和改进，并应用 $\delta^{18}O$ 和液流通量区确定了山区森林生态系统植物蒸腾和土壤蒸发比例。上述研究成果为系统认识区域生态系统能量平衡和水分循环提供了重要的理论指导和技术依据，对区域水资源及水环境管理具有重要意义。

本书可供水科学、生态学、生态水文学、水土保持学、林业生态学等领域的科研人员、研究生、管理人员及生态环境建设工作者参考。

图书在版编目（CIP）数据

生态系统蒸散/余新晓等著. —北京：科学出版社，2018.2
（生态水文学研究系列专著）
ISBN 978-7-03-031609-7

Ⅰ. ①生… Ⅱ. ①余… Ⅲ. ①水蒸发–水文分析 Ⅳ. ①P333.1

中国版本图书馆 CIP 数据核字（2018）第 031862 号

责任编辑：朱 丽 李丽娇/责任校对：韩 杨
责任印制：张 伟/封面设计：耕者设计工作室

科学出版社 出版
北京东黄城根北街 16 号
邮政编码：100717
http://www.sciencep.com

北京教图印刷有限公司 印刷
科学出版社发行 各地新华书店经销
*
2018 年 2 月第 一 版 开本：787×1092 1/16
2018 年 2 月第一次印刷 印张：11 1/2
字数：300 000

定价：88.00 元
（如有印装质量问题，我社负责调换）

序

　　水资源紧缺是我国的基本国情之一，伴随着水资源危机的日益严重，环境和农业生产用水问题已经越来越成为我国面临的重大问题。在干旱和半干旱地区，水成为影响植被生长的重要因素；同时，水资源分布的不同显著影响着干旱、半干旱地区生态系统中森林植被分布和物种多样性。森林在全球水循环中起着很重要的作用，森林蒸散（包括物理蒸发和植物蒸腾）是森林水分输出的重要形式，是森林水量平衡的重要组成部分，是陆地生态系统水循环的重要环节，作为一个区域水平衡和能量平衡的主要成分，不仅在水循环和能量循环过程中有重要作用，也是生态与水文过程联系的重要纽带，典型森林与水资源之间的关系是华北地区森林植被建设的主要问题。开展森林蒸散的研究，研究性质从定性分析转移到定量分析，从专一化分析转变为综合性分析。揭示森林蒸散特征不仅是水文学和生态学关注的基础科学问题，而且对维护和经营该地区脆弱的生态系统具有重要意义。

　　《生态系统蒸散》研究著作是余新晓教授及其科研团队多年来研究成果的总结，也是在国家自然科学基金重点项目"基于稳定同位素的典型森林生态系统水、碳过程及其耦合机制研究"（41430747）、国家自然科学基金面上项目"基于氢氧同位素技术的植被-土壤系统水分运动机制研究"（41171028）、国家青年科学基金项目"北京山区主要造林树种水分利用机制及其生理生态响应研究"（41401013）等项目的支撑下完成的。该研究结果依托首都圈森林生态系统定位观测研究站，内容充实，观点新颖，逻辑清晰。

　　森林结构复杂、生物多样性高，导致林内水分运动过程不能定量描述，对于森林中水分的运动过程、运动要素研究不足，现阶段森林生态水文过程研究包括两个尺度，即森林流域水文过程和森林生态系统水文过程。该著作从生态系统蒸散总量（平原区生态系统蒸散及山区生态系统蒸散）及其分量的研究方法出发，对比分析了不同环境条件下蒸散量及其各组分在时间（日、月、季节甚至年际）上的差异，分析影响蒸散量的主要因素，深入探讨了生态系统蒸散过程及机理。引入新技术提供高效精准的解决方案，克服了传统实验的局限性，解决了当前森林生态系统水循环中的一些重点、难点问题，填补了当前该领域研究中的一些空白。对于了解某区域内生态系统中大范围的能量平衡和水分循环具有重要意义。研究成果不仅可以直接为区域水资源水环境管理提供服务，而且为人们对今后区域的生长和管理提供参考。

　　书籍是人类进步的阶梯。该著作的问世，可以为相关科研人员和从业人员提供参考，希望该著作可以解答相关科研工作者和研究人员心中的疑惑，为共建青山绿水提供理论依据，推动祖国生态文明建设。为此，特向相关水土保持、林业等生态环境领域科研人员及相关领域的从业人员推荐这部著作。

中国工程院院士

李文华

2017 年 10 月

前　言

蒸散活动是生态系统水分循环的重要环节，森林蒸散是森林水热平衡的重要组成，对森林生态系统水分状况具有重要的指示作用。个体尺度或林分尺度的蒸散研究已相对成熟，但在实际应用中需要更大的尺度，尤其是中尺度到大尺度的扩展。现阶段大尺度的蒸散研究均以遥感数据为基础，辅助以少量的地面观测数据展开，但这种方法面对生态环境发展需求日益提高，已经不能满足精度需求了。同时，人类活动对自然环境的影响越来越大，对自然下垫面的破坏与重建无时无刻不在进行中，尽管人类活动对下垫面的影响不会一蹴而就，但其累积效应不可忽视，因此，下垫面特征对蒸散耗水的影响是水循环研究中不可或缺的部分。综上所述，将不同尺度的研究结合在一起，并分析蒸散对地形、植被及气象因子的响应已成为迫切需求。

近二十年来，大孔径闪烁仪的出现为区域尺度的蒸散研究提供了一种新思路，但该技术仍处在发展阶段。大孔径闪烁仪以莫宁-奥布霍夫相似理论为基础，其研究尺度为千米尺度，正好与现阶段遥感数据象元尺度相吻合，这就为遥感数据与地面数据验证提供了一种对等空间尺度的平台。

本书立足于研究北京山区生态系统蒸散过程与机制，是国家自然科学基金重点项目"基于稳定同位素的典型森林生态系统水、碳过程及其耦合机制研究"（41430747）、国家自然科学基金面上项目"基于氢氧同位素技术的植被-土壤系统水分运动机制研究"（41171028）、国家青年科学基金项目"北京山区主要造林树种水分利用机制及其生理生态响应研究"（41401013）的研究成果。本书共八章，内容包括绪论、生态系统蒸散研究技术、平原区生态系统蒸散、山区生态系统蒸散、生态系统蒸散组分、生态系统通量、森林生态系统蒸散对植被特征的响应、区域蒸散遥感反演，详细阐述和量化了森林生态系统的蒸散通量与过程。

目前，在传统水文学的研究中，由于观测方式的限制，无法对森林生态系统中水分在各组分中的运移情况、分配规律有更深入的研究，这成为困扰水文学和森林生态学定量化研究中的一个问题。本书以大孔径闪烁仪、涡度相关仪、遥感反演法和稳定氢氧同位素为基本研究手段，以仪器实测数据、遥感数据及地形植被本底数据为基础数据，分析了非均一植被及地形下垫面的蒸散特征，量化了常规气象因子在不同季节对蒸散的影响效应，建立了植被特征与蒸散关系的模型，并对模型进行了精度分析和改进。此外，运用稳定同位素技术，通过对北京山区侧柏林分样地定位连续原位观测，基于不同时间尺度，同步采集大气、植物、土壤等样品，分析大气水、植物枝条木质部水和土壤水等氧稳定同位素变化，利用氧稳定同位素定量表达生态系统水分通量中各组分比例构成及其时间变化，并通过液流计确定植物蒸腾通量，推算生态系统水分通量。作者殷切希望本书的出版能引起有关人士对该研究领域的更大关注和支持，并希望能对从事森林生态系统蒸散相关学科的专家学者有所裨益，共同将森林生态系统蒸散领域推向新的发展阶段。

　　本书研究资料的积累过程实际上就是作者从事生态系统蒸散科研和研究教学的过程。本书的完成融入了很多人的心血，在此期间，得到了李文华院士、王浩院士、尹伟伦院士和崔鹏院士等的指导，作者在书稿形成过程中还得到了很多同行专家的帮助，在此一并感谢！

　　由于作者的知识水平有限，书中难免出现疏漏或不妥之处，敬请各位读者批评指正并提出宝贵意见，以期本著作内容不断完善，水平逐步提高。

余新晓

2017 年 9 月

目 录

第1章 绪　论

1.1　研究背景及意义

水资源紧缺是我国的基本国情之一，伴随着水资源危机的日益严重，环境和农业生产用水问题已经逐渐成为我国面临的重大问题，在干旱和半干旱地区，水成为影响植被生长的重要因素(王淑元和林升寿，1995)，同时，水资源分布的不同显著影响着干旱、半干旱地区生态系统中森林植被的分布和物种的多样性(余新晓等，2005)。

蒸散既包括地表和植物表面的水分蒸发，也包括通过植物表面和植物体内的水分蒸腾，是一个连续过程。Rosenberg 等(1983)提出降落到地球表面的大气降水有 70%通过蒸发、蒸腾作用回到大气中，在干旱地区则达到 90%，可见蒸发和蒸腾是水分循环的重要组成部分。同时，由于水分在汽化的过程中需要吸收热量(唐琦，2009)，因而蒸发和蒸腾也是地表能量平衡的组成部分。蒸散作为一个区域水平衡和能量平衡的主要成分，不仅在水循环和能量循环过程中有着重要作用，也是生态与水文过程联系的重要纽带(陈凤，2004)。因此，地表蒸散研究，对区域内水资源的有效管理具有监督作用，并且对下垫面不同植被或是土地利用类型的蒸散研究具有更重要的意义，对于了解某区域内生态系统中大范围的能量平衡和水分循环具有重要意义(刘苑秋等，2008)。

北京山区是华北土石山区的重要组成部分，同时北京山区的森林生态系统是华北地区社会经济发展的重要生态屏障，在该地区社会经济发展中起到环境支撑作用。但由于北京山区降水分布不均、生态环境脆弱，随着历史的变迁，北京山区的植被类型和土地利用方式发生了显著的变化，天然林受到显著的人为影响，森林植被基本以 1958 年以后营造的人工林为主，其中侧柏为该地区重要乡土树种，也是主要的造林树种，占北京山区林地面积的 19.1%，分布十分广泛。揭示北京山区森林生态系统水分循环特征不仅是水文学和生态学关注的基础科学问题，而且对维护和经营该地区脆弱的生态系统具有重要意义。

森林生态系统与影响该系统各组分之间的关系是生态学研究的热点之一(程云，2007)，植被通过与大气等介质在土壤、大气等多界面、多尺度上进行生态系统物质和能量的交换。在传统水文学的研究中，由于观测方式的限制，无法对森林生态系统中水分在各组分中的运移情况、分配规律进行更深入的研究，这成为困扰水文学和森林生态学定量化研究中的一个问题。随着科技进步，20 世纪 50 年代以来，借助稳定同位素技术及其在水文学和生态学等学科中的应用，定量解释森林生态系统水文过程有了一个新的有效的方法(严昌荣等，1998；Ehleringer et al.，2002；曹燕丽等，2002；Hasselquist and Allen，2009)。本研究依托国家林业局首都圈森林生态系统定位观测研究站，运用稳定同位素技术，通过对北京山区侧柏林分样地定位连续原位观测，基于不同时间尺度，同步采集大气、植物、土壤等样品，分析大气水、植物枝条木质部水和土壤水等氧稳定同位素变化，利用氧稳定同位素定量表达生态系统水分通量中各组分比例构成及时间变化，并通过液流计确定植物蒸腾通量,推算生态系统水分通量。

1.2 生态系统蒸散的概念

森林是陆地生态系统中最典型、最多样和最重要的生态系统,其中森林生态系统的蒸散表示水分在植物、大气、土壤之间的动态作用,对森林生态系统有重要作用(于文颖等,2008)。蒸散由蒸腾作用和蒸发作用组成(康博文,2005),蒸腾作用通过植物气孔散发出水分进入大气,蒸发作用通过植物、土壤表面直接散发出水分,两者作用原理不同,反映的植物特征也不同(李薛飞,2011)。

1.2.1 植物蒸腾

蒸腾作用消耗植物根部吸收水分的99.8%以上(徐先英等,2008),在土壤-植被-大气连续体(soil-plant-atmosphere continnum, SPAC)水热传输过程中占有极为重要的地位,同时也可反映森林植被的水分状况,是林分含水量变化的重要指标,是影响整个森林小气候、区域乃至全球气候的重要因子,因此掌握植物的蒸腾规律具有重要的理论价值和现实意义(张迎辉,2006)。

国内外学者研究蒸腾作用始于20世纪60年代,其中准确计算植物蒸腾耗水量更是研究森林组成的生长变化、林相改造、景观规划设计等生态文明建设中的核心问题。特别是进入21世纪之后,由于科学技术的不断发展、电子信息技术的广泛应用,蒸腾耗水测定方法也在不断改革和创新。由开始的枝叶天平称重法一直到现在被广泛运用的热技术法,研究手段不断革新,测定方法也越来越先进,可以更为精确地测定植物蒸腾耗水的变化情况。

在枝叶尺度上,段爱国等(2009)曾用电子天平对金沙江干热河谷植被恢复树种进行蒸腾耗水特性研究。刘奉觉等(1990)用瓶称法和快速称重法对杨树蒸腾速率进行比较研究。枝叶尺度的人为因素和枝叶离体问题对结果影响较大,测量偏差超过10%(张志山等,2007)。后来出现了Li-cor公司的Li-1600稳态气孔计,张志山等(2007)采用稳态气孔计与热平衡技术研究了沙生植物的蒸腾特征;李延成(2009)研究发现,稳态气孔计法测定的杨树蒸腾耗水速率与标准枝浸水法的测定结果具有较好的线性关系。现在应用较多的是Li-cor公司的Li-6400便携式光合系统,王旭军等(2009)用便携式光合作用测定系统,对自然条件下响叶杨不同光合有效辐射强度及不同CO_2浓度处理下叶片光合及水分生理生态参数的变化特征进行了研究。但该法只能从侧面比较不同植物的耗水特性,而不能用于精确推算植株的实际耗水量(马建新等,2010)。

单木尺度是目前应用较广的一种蒸腾作用测定尺度(刘树华等,2007)。一般用蒸渗仪法研究水文循环中的蒸散、地表径流、地下径流及下渗等过程(康文星,1993;温鲁哲等,2012),但该法也有局限性(米娜等,2009)。王安志和裴铁璠(2001)研究发现,蒸渗仪得出的水分散失量由土壤蒸发量和植物耗水量两部分组成,并无法将上述两者准确分离开来;当蒸散损失水量远小于树木与土壤的质量时,观测误差将会增大。整树容器法为机械式物理方法,选取符合相应标准的植株,锯断后迅速转移至容器中,整个过程力求将环境扰动控制至最低(巨关升等,1998)。刘奉觉等(1997)在比较研究整树容器法与热脉冲法(heat pulse velocity method)时，发现前者得出的蒸腾曲线在时间上存在滞后现象。Hevesy 于 1923 年利用天然放射性元素 212Pb 研究了铅盐在豆科植物内的分布、转移，此法即为同位素示踪法，灵敏度高(李嘉竹和刘贤赵，2008；陈杰和齐亚东，1990)，测定方法简便易行，具有准确定位、定量及符合研究对象生理条件等特点。

在单木尺度中，目前广泛应用的是热技术法，分为热脉冲、热平衡、热扩散三种技术手段。热脉冲法出现在 20 世纪 30 年代，德国学者 Huber(1932)提出热传递的概念来阐述液流速率。Marshall(1958)、Swanson 和 Seasonal(1981)、Edwards(1991)相继对其进行了改进，热脉冲法适用于直径大于 30 mm 的木本植物，国内学者虞沐奎等(2003)、孙鹏森等(2000)也分别利用该技术对火炬松树干液流与油松树干液流进行了研究。热平衡法(heat balance method)分为茎热平衡法和树干热平衡法，热平衡法可测定直径 2～150 mm 的木本植物和禾本植物，在测定小直径茎干液流时具有优势，徐先英等(2008)、严昌荣等(1999)曾利用热平衡式茎流探头研究了典型固沙灌木、生长中期核桃楸的液流动态变化。热扩散法(heat dissipation method，即 Granier 法)是当前的主流技术(严昌荣等，1999)，对被测植物无直径要求，它可以将太阳能作为能量源；连续或任意时间段进行液流测量，并自动计算、存储数据，国内学者孙慧珍等(2002)、刘海军等(2007)利用热扩散技术分别研究了白桦树干液流动态变化特征，以及香蕉树的蒸腾速率。此外，还有从林分尺度测定蒸腾速率的方法。比较著名的有波文比-能量平衡法(bowen ratio，β)(朱劲伟，1980)，波文比法指水面和空气间的乱流交换热量与水面向空气中蒸发水汽的耗热之比。强小嫚等(2009)研究认为，利用波文比法测得的冬小麦蒸散与蒸渗仪测值的变化趋势基本一致，并且相关性较好。此外，Thomthwaite 在 1939 年根据空气动力学法使用近地边界层中动量、水汽量、热量的垂直扩散方程，以及两高度处的水汽压、气温等资料来计算潜热通量和显热通量。涡度相关(eddy covariance, EC)在计算蒸腾速率中也应用较多(谢华和沈荣开，2001)、郭家选等(2006)利用涡度相关技术研究了土壤含水量与农田蒸散量及作物冠层温度的关系；刘晨峰等(2006，2009)利用该法研究了沙地杨树林在不同水分条件下的蒸散日变化特征。

研究叶片尺度的蒸腾耗水量是为了了解蒸腾作用的生理过程及其对环境条件的适应能力；单木尺度的研究主要反映其冠层的蒸腾作用，可以用来进行个体间的差异比较分析，其测定结果可以更准确地反映蒸腾过程；林分尺度的研究有助于林木生产中的水分管理，而区域尺度的研究成果可以直接为区域水资源水环境管理和生态用水定额的制定提供服务。

1.2.2 土壤蒸发

有关森林土壤蒸发的测量方法很多(张劲松等，2001；韩磊，2011；康磊，2009)，归纳起来可分为两类，即直接法和间接法。

直接测量法是通过仪器直接测量土壤的蒸发量，主要包括以下几种方法。蒸发表是最早被采用的测量仪器，它是一种测定湿润多孔表面水分损失量的仪器。常用的这种仪器有 Piche 蒸发表和 Livingston 蒸发表。蒸发表的优点是结构简单、成本较低、便于观测。但它的观测结果不能真正代表自然条件下的蒸发量，只能近似地得出可能蒸发量(裴步祥，1989)。多环刀法也可测定蒸发量，张德成等(2007)应用多环刀法测定土壤含水量，应用数学模型计算出总蒸发量。大型蒸渗仪是一种设在田间或温室内(人工模拟自然环境)装满土壤的大型仪器(樊引琴，2001)，用来测定裸土蒸发量、作物蒸腾量、潜在蒸发量和深层渗漏量。这种蒸渗仪可以分为称重式和非称重式两种，非称重式蒸渗仪通过控制地下水位，测定补偿水量；称重式可分为液压式、机械式和电子称重式，可以测定短时段的蒸发值(张宇等，2012)。微型蒸渗仪也是一种测定土壤蒸发值的有效方法之一，对微型蒸渗仪的研究也有很多(汪增涛等，2007)。

间接测量法是以森林水分平衡原理为基础(胡光成，2010)，通过测定水量平衡公式中的各项求得土壤蒸发量，水量平衡公式如下

$$P + R_0 + R_1 = E + I + T + R_{c0} + R_{c1} + V_w + S \tag{1-1}$$

式中，P 为大气降雨量；R_0 为从地面流进区内的地表径流量；R_{c0} 为从地面区内流出的地表径流量；R_1 为进入区内的地下径流量；R_{c1} 为流出区内的地下径流量；E 为土壤蒸发量；T 为植物蒸腾量；I 为林冠截留降雨量；V_w 为土壤含水率变化量；S 为深层渗漏量或地下水补给量。间接测量法的主要缺点就是测定公式中其他各项值的准确测定比较困难，精确度不够高。

另外，还有应用嵌入型陆地表层能量平衡系统(surface energy balance system, SEBS)模型及遥感技术估测蒸散。胡光成(2010)推算银川平原卫星遥感图像的日蒸发量，并分析研究了银川平原土壤蒸发量与地下水分、植被之间的关系。

1.2.3 系统蒸散

森林蒸散(evapotranspiration，ET)既是森林生态系统中水量平衡的最大分量(刘世荣等，1996；马雪华，1993)，也是主要的生态水文过程之一，还是形成地表与大气之间联系与反馈的重要途径(Hutjes, et al., 1998；Savabi et al., 2001)。研究森林蒸散对认识森林生态系统中水分循环过程的规律，揭示森林植被及其变化对水文过程的调节机制，以及了解森林植被对气候变化的影响和响应都非常重要(张家洋等，2012；吴力立，2008)。研究蒸散的方法很多，分为实测法和估测法。应用较多的实测法主要有空气动力学-波文比法、涡动相关法、遥感法、大型蒸渗仪法。相对而言，实测能够获得较为准确的蒸散，但影响森林蒸散的因素众多，实测非常困难，特别是在较大的空间尺度上(王安志和裴铁璠，2001)。因此，在实际应用中，估算法也十分常见，目前应用较多的蒸散模型大致可分为三类：潜在蒸散(potential evapotranspiration，PET)模型、实际蒸散(actual evapotranspiration，AET)模型和互补相关(complementary relationship)模型。PET 计算常用 TH 模型(Thornthwaite et al.，1978)、P-T 模型(Priestley and Taylor，1972)、彭曼复合模型(Stannard，1993)，这些模型结构简单，所需参数较少，容易获得，在观测中应用较广(Federer et al.，1996)。Fontenot (2004)在美国 Louisiana 用彭曼模型作为标准，比较了 FAO 24 Radiation (24RD)(Doorenbos and Pruitt，1977；Jensen et al.，1990)、FAO24Blaney- Criddle(24BC)(Blaney and Criddle，1950)、Hargreaves-Samani (H-S)(Hargreaves and Samani，1985)、P-T、Makkink(Makkink，1975)、Turc(Turc，1961)、Linacre(Linacre，1977)7 个 PET 模型，结果表明在内地 24BC 模型最好，在沿海地区 Turc 模型最好，在湿润地区 P-T 模型较好。Fisher 等(2005)在美国加利福尼亚东部的 Sierra Nevada 森林生态系统研究站，比较了 P-T 模型、SB 模型、彭曼

公式（P-M 模型）、S-W 模型，发现基于彭曼公式的 P-M 模型、s-模型和 Mc Naughton-Black（M-B）模型结果相似，S-W 模型结果稍好，P-T 模型经过土壤水分修订后模拟效果很好。在大尺度上，P-T 模型比 P-M 模型更为实用。由于生态系统的复杂性和异质性，目前还没有直接估算实际蒸散的方法，要通过潜在蒸散来转换，目前较常用的有 Zhang 等（2001）方法、Saxton 等（1986）方法及 Rithcie（1972）方法。

综上所述，植物蒸腾作用可以用简单直观的方法、仪器进行观测，是森林水文的热门领域，研究成果较多；植物蒸发作用因生态系统的复杂性、立地条件等条件所限，且直接观测的仪器只有全自动热量分析型气象站和大型蒸渗仪，仪器造价昂贵，而且不易维修，或间接通过森林水分平衡法或卫星遥感、GIS 等技术进行研究，因而研究较少。大尺度内的蒸散对森林植被及气候变化均十分重要，但由于目前技术条件所限，涡动相关和波文比观测系统应用还不是很广泛，主要采用数学模型推导，在今后有很大发展空间。

1.3　生态系统蒸散研究进展

1.3.1　不同尺度下的蒸散研究进展

尺度是一个广泛使用的概念，在不同研究领域内有不同的含义。地球科学中尺度指各类自然现象发生的时间和空间尺度。同一种自然现象在不同时空尺度中发生时具有不同的特征，且从小尺度到大尺度之间的过渡并不能用简单的数量关系表达，时空尺度的扩大往往伴有研究系统内各组分之间的相互作用，这使得各组分原有的功能发生变化。蒸散现象是指植被蒸腾及土壤蒸发过程的总称，当涉及植被叶片和单株尺度时，蒸散即为叶片和植株的蒸腾，但当尺度扩展到林分及区域甚至全球范围时，蒸散过程便涉及植被蒸腾、土壤及水面蒸发过程了。在进行尺度扩展研究时，不仅要考虑到单纯的数量扩展关系，更重要的是要将植被的结构特征、生态系统结构特征、地形地貌特征及相关影响因素的变化情况引入其中。

1. 叶片尺度的耗水研究

国内外对于叶片尺度的耗水研究较早，叶片尺度耗水研究主要集中在测定叶片蒸腾速率、气孔导度等参数。早期的研究方法以离体方式为主，最常采用的方式为快速称重法（刘奉觉，1990）。离体方式由于采集的叶片与整株树木分开，观测一段时间之后，叶片由于水分、养分等的供给不足，其正常生理现象受到影响，使得观测结果存在偏差，测量结果需要校正。随着先进仪器的出现，又出现了稳态气孔计法（刘奉觉等，1997）、叶室法（杨芝歌，2013）等，这一类方法可以在叶片正常生长的情况下进行测量。稳态气孔计法将叶片夹在直径 1～2 cm 的微小气孔室内，然后通入干燥空气，以保证气孔室内湿度稳定，通过干空气流量、干空气水汽密度、叶室水汽含量和叶面积的大小来计算叶片的蒸腾速率和蒸腾量。稳态气孔计法由于气流流动速度与自然状态下差异很大，使得测量结果与正常生长的叶片蒸腾量差异较大，同时，选择不同的叶片其测量结果差异也较大。叶室法借助 Li-6400 光合仪进行测定，一般在测定时均与光合速率一起进行，测定结果为瞬时蒸腾速率，与树木的真实耗水量差异较大，不宜用于测定树木的实际蒸散耗水量，但可用于比较不同树种之间的耗水特性(刘文国，2007)。

2. 单株尺度的耗水研究

单株尺度耗水观测技术是目前四种尺度中发展最成熟的，主要观测技术包括空调室法(ventilated chamber method)(Greenwood and Beresford，1979)、大树容器法(Roberts，1977)、称重式蒸渗仪法(陈建耀等，1999)、同位素观测法(王鹏等，2013)及热脉冲/热扩散法(thermal dissipation sap flow velocity probe，TDP)(王华田和马履一，2002)等。

空调室法将待测的植被置于一个封闭的大气室内，并通入气流，通过测定进出气流湿度及室内气流的变化来测定待测对象的蒸散特征。空调室法因植被类型的不同精度有差异，且由于空调室内各项环境指标与自然状态下有差异，所以其测定值与自然状态下的植被蒸散情况存在差异。

大树容器法又称为整树容器法，是将整株树木从地面锯断，然后原地移入一个盛水容器中，当容器内水位下降时，定期向容器内加水至原来的水位，通过测定加水量来确定树木的蒸腾特征。该方法对树木破坏性大，且对测定树木的个体要求较严，对于个体太大的树木操作性不大。

称重式蒸渗仪法是在高精度天平发展成熟后的一种新型测定蒸散的方法，该方法通过测定置于称量桶内的土体与植株总质量变化来反映植株及土体的蒸散特征，观测精度较高，且可连续观测。

稳定同位素法是近年来发展起来的新兴实验手段，以同位素质量守恒[式(1-2)]为原理，并结合相关的水文监测资料，分析不同时期土壤-大气界面水分的分配状况便可得到相应的蒸散量[式(1-3)~式(1-5)]。

$$\delta X_t = f_1 \delta X_1 + f_2 \delta X_2 + \cdots + f_n \delta X_n \tag{1-2}$$

$$1 = f_1 + f_2 + \cdots + f_n \tag{1-3}$$

$$m_f - m_i = m_p - m_e - m_t - m_z \tag{1-4}$$

$$\delta_f m_f + \delta_e m_e + \delta_t m_t + \delta_z m_z = \delta_p m_p + \delta_i m_i \tag{1-5}$$

$$m_{\mathrm{ET}} = m_e + m_t \tag{1-6}$$

式中，$f_1 \sim f_n$、$\delta X_1 \sim \delta X_n$ 分别为不同层次土壤水对根系吸水的贡献和相应的氢氧同位素值；δX_t 为植被茎干中氢氧同位素值；m 为水量；δ 为 $\delta^{18}O$ 值；f、i 分别为末态土壤水含量和初始土壤水含量；e 为蒸发量；t 为蒸腾量(看作农作物根系吸收水量)；p 为上层补给输入(降水、灌溉)量；z 为对土壤水的深层入渗量；m_{ET} 为蒸散量。

TDP 法观测单株尺度蒸散是目前为止认可度最高的观测方法，1928 年，由 Rein 首次提出木质部液流的设想(李海涛和陈灵芝，1997)，后经 Marshall(1958)、Swanson 和 Whitfield(1981)、Edwards（1984a，1984b）等逐步发展完善。TDP 法能够连续测定自然条件下生长的树木蒸散，时间分辨率高，对树木本身基本不造成破坏(孙慧珍等，2004)。

3. 林分尺度的蒸散研究

林分尺度蒸散耗水研究比叶片尺度和单株尺度复杂得多，研究方法主要有水文学方法、微气象学方法、模型估算方法等。

水文学方法以物质守恒为原理发展而来，可概括为水量平衡方法和蒸渗仪法。水量平衡法(water quantity equilibrium)的发展应用较早(Greacen and Higentt，1984)，在林分尺度上的应用精度依赖于林分、地形因素及时间尺度(Brutsaert，1982；Mastrorilli et al.，1998)，在实际应用中精度有限，多采用简化的形式(刘京涛和刘世荣，2006)，该方法在区域尺度上的应用更广泛更精确(刘世荣等，2003；Mo et al，2004)。蒸渗仪分为称重式和非称重式，称重式蒸渗仪将实验土体、植株及实验设施放置在特制的容器中，通过大感量、高精度的称重仪进行测量；按结构可分为液压式、机械式及电子称重式，观测结果精度高，但设备造价也高。非称重式蒸渗仪也称排水型蒸渗仪，通过控制地下水位，测定补偿水量，其操作简单，安装方便，应用广泛。鉴于蒸渗仪观测结果精度高，且便于开展控制实验，蒸渗仪法也常用于单株植株的蒸散研究(贾剑波等，2013)。

微气象学方法以空气动力学和能量平衡原理为理论基础，基于特定的理论体系对实际观测数据进行统计分析，得到蒸散值。微气象学很早就应用于蒸散研究，至今为止可分为空气动力学法(王安志和裴铁璠，2003；Valiantzas，2012)、波文比-能量平衡法(吴海龙等，2013)、涡度相关法(李思恩等，2008；Migliaccio and Barclay，2013)。微气象学方法估算精度受研究对象的影响较大，对于平坦且植被均一的下垫面蒸散估算精度较高(刘国水等，2011)，而涡度相关法在地形起伏下垫面条件下的适用性不如平坦下垫面(刘绍民等，2010)。涡度相关技术多用于农田蒸散量研究，由于森林生态系统下垫面复杂性的限制，基于涡度相关技术的起伏地形条件下森林生态系统蒸散量研究相对较少。

常见的应用于林分尺度的估算模型如彭曼(P-M)公式系列(Allen，2005)、Hargreaves 估算模型(Hargreaves and Allen，2003)、Jensen-Haise 模型(Jensen and Haise，1963)、Blaney-Criddle 模型、Radiation 模型(Doorenbos and Pruitt，1975)、Makkink 模型、布德科方法(布德科，1960)、刘振兴公式(刘振兴，1956)、崔启武公式(崔启武和孙延俊，1979)、傅抱璞公式(傅抱璞，1981)、周国逸公式(周国逸和潘维俦，1988)等。

4. 区域尺度的蒸散研究

区域尺度蒸散研究主要以能量平衡为理论基础，由此发展出来大量的估算模型，具体可分为两大类：剩余法(residual methods)和遥感反演与 P-M 系列公式结合的方法。

剩余法又称余项法，首先利用遥感反演法得到地面温度并结合少量地面观测数据通过阻抗公式计算得到显热通量、地表净辐射及土壤热通量，然后根据能量平衡公式得到蒸散(Hatfield，1983；Moran et al.，1989；Chehbouni et al.，2001；辛晓洲等，2003)。随着研究的不断深入，剩余法经历了单层模型、双层模型及多层模型(王娅娟和孙丹峰，

2005)，不同层模型的区别在于对土壤-植被-大气传输系统(soil-vegetation-atmosphere transport，SVAT)内部组分的不同划分，在实际应用时也各有特点。单层模型将土壤和植被当作一个整体，陆地表面的水热交换被看作是大气与下垫面(土壤和植被)之间进行的通量活动，不考虑植被内部及与土壤之间的通量(Jackson et al.，1977；Seguin and Itier，1983；Kustas et al.，1989；Troufleau et al.，1995；Bastiaanssen et al.，1998a，1998b)。模型提出之初，仅在下垫面较均一的情况下应用效果好，后经过不断的改进，模型估算精度得到了很大提高，经典的单层模型有地面气象观测数据遥感反演算法(surface energy balance algorithm for land，SEBAL)、SEBI(surface energy balance index)、SEBS等。由于单层模型将土壤植被看作是一个整体，弱化了内部过程的影响，模型计算时输入参数少，计算相对简单，且经过改进后精度较高，在实际应用中得到了广泛的推广。

　　双层模型将土壤和植被分开，分别计算土壤和植被内部的动量、热量及物质的传输，可分为双层串联模型和平行模型(易永红等，2008)。串联模型将土壤-植被-大气系统看作是一个类似电路的系统，通量在植被冠层与土壤之间传递的过程类似于电流在电路元件中传播一样，植被冠层与土壤以串联的形式存在于电路中，植被冠层上方的总通量为下方植被本身和土壤通量的总和，这种求解方法的过程较为复杂。Norman等(1995)对串联模型进行了简化，将土壤与植被看作是两个平行的系统，认为土壤与冠层各自独立地与大气进行通量传输，但当土壤含水量较低时(土壤干燥)，土壤与植被之间的热传导现象明显，假设的土壤植被层独立不成立，误差较大。多层模型则是将土壤-植被系统内部结构根据实际情况划分为多个层次，将土壤-植被系统划分为若干个独立的组分，对每一个组分热通量分别求解(Meyer and Paw，1987；Sellers et al.，1986；孙睿和刘昌明，2003)，然后对每一层次的通量进行汇总。最常用的双层及多层模型如 SiB(simple biosphere system)、SiB2(Sellers et al.，1996a，1996b)、SiB2.5(Bonan and Levis，2006)、SiB3(Baker et al.，2010；张庚军等，2013)。单层、双层及多层模型的计算原理可由图 1-1 简单表示(孙睿和刘昌明，2003；Olioso et al.，1999)。

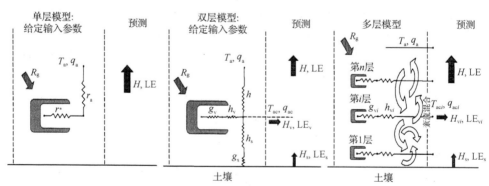

图 1-1　SVAT 不同模型组分的划分

R_g 为入射太阳辐射；T_a 为空气温度；q_a 为空气湿度；H 为显热通量；LE 为潜热通量；H_s 为土壤表面的显热通量；LE_s 为土壤表面的潜热通量；H_v 为植被层的显热通量；LE_v 为植被层的潜热通量；H_{vi} 为第 i 层植被的显热通量；LE_{vi} 为第 i 植被的潜热通量；r_a 为空气动力学阻抗；r^* 为表面阻抗；g_s 为土壤表面传导；g_v 为植被层表面传导；g_{vi} 为第 i 层植被的表面传导；h 为冠层与大气之间的湍流交换系数；h_s 为土壤表面与冠层内空气的湍流交换系数；h_v 为植被与冠层内空气之间的湍流交换系数；h_{vi} 为第 i 层植被的湍流交换系数；T_{aci} 为第 i 层植被冠层内空气温度；q_{aci} 为第 i 层植被冠层内空气湿度

　　无论是单层模型、双层模型还是多层模型，在遥感反演时，土壤热通量和地表净辐射的估算方法都比较相似，差异的关键在于对显热通量 H 的计算方法不同。由空气动力学可知，显热通量的计算与空气温度的反演有关，而温度的反演估算是基于植被覆盖而进行的。而且空气动力学温度和辐射温度之间的差异与大气状态是否稳定、太阳方位角、表层土壤湿度及植被长势有关，在不同的模型中有不同的计算方法（王娅娟和孙丹峰，2005）。

　　P-M 系列公式是经典的求下垫面蒸散的算法，根据其输入参数的不同尺度可以获得不同尺度时下垫面的蒸散耗水，其灵活的应用方式使得其应用非常广泛。对于大尺度的区域蒸散耗水研究，虽然应用遥感反演模型通过能量平衡估算蒸散的方法获取的结果更加精确，但遥感与 P-M 系列公式结合的方法计算简单，输入参数较少，且在参数有效校正的情况下精度也能满足研究需要，因此该方法也有大量的应用（李红霞等，2011）。遥感方法与 P-M 结合体现在对关键参数地表阻抗的反演，地表阻抗与下垫面植被的覆盖度和湿度有关。地表完全覆盖时，下垫面阻抗与空气阻抗近似；完全裸露时，地面阻抗为裸地阻抗，于是一系列基于叶面积指数的地表导度计算模型被开发出来（Cleugh et al.，2007；Mu et al.，2007；Leuning et al.，2008；李红霞等，2011）。

5. 尺度的转换问题

　　尺度是一个众多学科共有的概念，在定义时应包含客体（研究对象）、主体（研究手段）及时空。在生态学领域，尺度包含时空尺度、组织尺度和功能尺度（邬建国，2000）。水文学中将尺度划分为过程尺度、观测尺度和模拟尺度（Blöschl and Sivapalan，1995）。无论是生态学领域的尺度概念，还是水文学领域的尺度概念，都有一定的相关性。在进行科学研究时，尺度的三个方面需要合理选择，否则将不能得到期望的结果，Cushman（1984）对过程尺度和观测尺度进行了分析，他认为两种尺度必须合理搭配，过程尺度过大则只能获得水文过程的趋势，内部详细的水文过程无法获得；而观测尺度过大时，水文过程会被认为是测量过程中的噪声（钟晔等，2005）。本书中所涉及的尺度问题是狭义的空间尺度，分析在不同空间尺度上对应的研究手段，即所谓的过程尺度与观测尺度的研究，如叶片尺度耗水研究采用 Li-6400 观测，单株尺度采用 TDP 观测技术，林分尺度采用水量平衡原理及区域尺度采用遥感反演的方法。

　　水文学研究往往是一个在不同空间尺度之间进行的工作，并需要进行不同尺度之间的转换，但是由于水文系统的有组织复杂性、水文过程时空变异的复杂性及大范围内观测数据的不足给水文学领域尺度转换带来了极大的困难（钟晔等，2005）。对于蒸散耗水中小尺度之间的转换研究至今仍是一个热点问题，并没有一个广泛应用的方法，常用的研究手段为遥感反演与地面观测数据结合，但具体的应用方法仍然众说纷纭。

　　遥感数据的空间分辨率、下垫面观测数据的空间代表性及下垫面观测数据与遥感数据的尺度吻合是蒸散耗水中小尺度转换的关键所在。随着遥感技术的快速发展，现阶段遥感数据的空间分辨率已经得到了很大的提高，基本满足应用需求。下垫面观测数据的空间代表性是科研工作者在进行尺度转换过程中遇到的最大难题，地球表面形态复杂多样，从溪流到河流，从平原到高原；地被覆盖从裸地到全部被覆盖，从草地到森林。下垫面的复杂性导致站点观测结果的空间代表性有限，传统的蒸散研究中，常见方法仅能代表有限的区域（几十到几百米的数量级），且仪器观测对下垫面的变化要求较高，对于获得精确结果的期望难以达到。近年来，新出现的大孔径闪烁仪（large aperture scintillometer, LAS）能够观测较大尺度的显热通量，进而通过剩余法求得蒸散，这为蒸散耗水研究中的中小尺度转换提供了一个契机，本书基于大孔径闪烁仪、遥感反演手段来研究同一时空尺度下的蒸散耗水，并对两种方法的计算结果进行对比，为尺度扩展研究提供了前期基础。

1.3.2 不同方法下的蒸散研究进展

1. 蒸散估算方法

1）单点测定

（1）直接测定法。直接测定法是直接测量土壤和植被的总蒸散量，或是分别测出土壤蒸发和植被蒸腾，两者相加得到蒸散量。目前主要方法有称重法、涡度相关法和植物体内液流通量法。

在这些方法中，称重法和涡度相关法的测定结果较准确。如果 Lysimeter 内部作物与大田作物不一致时，误差较大，并且无代表性。涡度相关法具有严密的物理基础，测量精度高，蒸发量相对测量误差仅为 5%，但测量仪器维护费用高，不便于常规观测。植物体内液流通量法运用较多，操作比较简单，可以对单株进行多次测量，利用植物蒸散时体内的液流量来代表蒸散能力，由于植物受到内外因素的制约，往往结果与实测值相差较大。

Huber（1932）首先提出热脉冲法，将热传导应用到液流速率的测定中，但此时的测定结果较真实值存在较大的低估。Huber 和 Schmidt（1931）后来又提出在热源上下不等距设置热电偶探头的方法将热脉冲和外界的干扰有效分开，这为后来的"补偿原理"和"脉冲滞后效应"理论奠定了坚实的基础。Marshall（1958）将原来贴在树干表面的加热元件和测温节点插入植株木质部并认为热量可以自由地在树液和木材之间发生移动，虽然计算结果与实际情况存在一定的偏差，但 Marshall 的理论为 Swanson（1967）对热技术的改进提供了理论基础。Swanson 提出"因伤效应"并通过数值计算模型对树液流进行修正（Swanson and Whitfied，1981），修正结果与实际值十分接近，Swanson 对热技术的改进是该方法发展历程中一个重要的进步。Sakuratani（1981）、Edwards 等（Edwards and Booker，1984；Edwards and Warwick，1984）、Baker 和 Bavel（1987）、Granier 等（1987，1990）又不断地对热技术进行改进，使得热技术测定树干液流达到非常成熟的水平。

常见的热技术法可分为四类：热脉冲法、热平衡法、热扩散法和激光热脉冲法。

热脉冲法的原理为：在树干木质部安装电加热元件，向元件通以瞬时电流产生热脉冲，而后通过电子探头记录木质部内部的升温曲线，然后利用"补偿原理"和"脉冲滞后效应"并结合热扩散模型计算液流流速及液流量（Hube and Schmidt，1937；Swanson，1967；Edwards，1991）。热平衡法的原理是向电加热元件输入稳定持久的电流，根据热量平衡原理求出被树液带走的热量，进而得到树干内液体的流量。根据探头（或适宜测量对象)的特点,热平衡法可分为茎热平衡法(stem heat balance,SHB)和树干热平衡法(trunk heat balance,THB)。SHB 为包裹式探头,常用于测定直径较小的植物,具有无须标定、无须将探头插入茎干内部的特点。与之相对的 THB 则是将探头插入茎干测定,适用于测定直径较大的树干,同时也不需要标定(岳广阳等,2006)。

热扩散法是在热脉冲液流记录仪的基础上,利用热扩散边材液流探针(TDP)测定树干边材液流速率的方法,是目前森林水文学领域中研究林木耗水应用最广泛的仪器之一,该方法可实现任意时间间隔的观测,经过改进后的 TDP 系统对环境热梯度感应低,这使得观测结果更可信(Do and Rocheteau,2002)。激光热脉冲法是近年来新发展的一种测定液流的方法,该方法用一个激光二极管取代了原来的加热电子元件,由激光二极管向空间释放可控数量的能量束,同时用红外温度计代替热敏电阻,激光热脉冲的最大优点在于无须插入植株体内,避免了对植株的伤害,尤其是对草本植物液流的测量,是液流测量中的一大进步(Bauerle et al.,2002)。

1895 年涡度相关技术的理论框架由雷诺建立,随后便快速发展,迅速地应用到生态、水文领域(Baldocchi et al.,1988;Baldocchi,2003;李思恩等,2008)。因其能直接测定垂直风速与水汽密度的脉动,具有高精度、长时期、短步长等特点,同时还可以测定水热通量和碳通量,涡度相关技术长期以来被公认为是微气象学领域的经典手段之一。早期涡度相关技术用于监测水热通量时主要用于低矮的农作物(Ohtaki,1984;Anderson and Vermn 1986),后来随着高精度的超声风速仪和水汽计的面世,涡度相关技术被广泛用于测定高大的乔木。

大量的研究表明,涡度相关技术在测定均一下垫面水热通量时具有很好的应用效果,但仍存在一定的局限。首先是涡度相关技术要求下垫面地势平坦,气象条件要保持湍流状态。其次是在现有观测技术下,所有的研究中均存在能量不闭合现象,涡度相关技术的观测结果也存在不闭合现象(Wilson et al.,2002;郭家选等,2004;温学发等,2005;刘渡等,2012)。再次,涡度相关技术仪器本身成本较高,同时,长期于野外条件下使用,维护费用也较高。此外,在应用过程中,涡度相关数据的校正过程复杂,尽管现已有部分学者提出了针对不同条件下数据的校正(朱治林等,2004;王春林等,2007;王有恒等,2011),但是由于涡度相关数据受观测站点地形影响的复杂性,这项工作至今仍然是一个难题。

大孔径闪烁仪法基于能量平衡,利用剩余法求算蒸散耗水。自 20 世纪 90 年代中后期开始,大孔径闪烁仪被众多学者用于观测和计算大尺度地表水热通量,为地表水热通量研究尺度从点尺度向区域尺度提供了新的手段,为降低异质下垫面蒸散计算中的误差提供了新思路(刘绍民等,2010;徐自为等,2010;朱治林等,2010)。下垫面水热通量研究的常用方法有波文比-能量平衡法、涡动相关法、梯度扩散法、遥感模型法及大孔径闪烁仪法(刘绍民等,2010;褚英敏等,2011;卢利等,2005;马迪等,2010)。大孔径闪烁仪的测量范围为 0.5~10 km,其观测尺度正好与遥感数据的最小象元尺度吻合(贾贞贞等,2010;刘雅妮等,2010),是研究大尺度地表水热通量的有效方法,同时也能有效地对遥感反演进行地面验证(Nieveen et al.,1998;Beyrich et al.,2002;Hoedjes et al.,2002;Kohsiek et al.,2002)。

大孔径闪烁仪是一种相对较新的观测仪器，国内外将其应用到下垫面水热通量中的研究历史并不长，20 世纪 90 年代国外才有密集的研究。国内大孔径闪烁仪应用于水热通量的研究开始时间更晚，北京师范大学、中国林业科学研究院及北京大学等学校和科研机构有部分学者做过相关研究(李远等，2010；卢利等，2010；郑宁，2013；蔡旭辉等，2010)。黄妙芬等(2004)分析了大孔径闪烁仪测定显热通量时的影响因子，结果表明气象因素对大孔径闪烁仪测定的显热通量影响较大，土壤表面温度及 10 cm 土层的土壤水分与大孔径闪烁仪显热通量的相关性较高。白洁等(2010a)分析了海河流域不同下垫面上大孔径闪烁仪观测的显热通量特征，指出显热通量有明显的季节变化特征，且与下垫面植被存在密切关系。王维真等(2009)对黑河流域不同下垫面水热通量特征分析，表明各能量收支分量有明显的日变化和季节变化趋势。大孔径闪烁仪测定热通量的原理是在弱湍流及传播路径均匀的条件下，光强度自然对数的方差($\delta_{\ln I}^2$)与空气折射指数(C_n^2)的结构参数存在确定的线性关系，基于此原理，大孔径闪烁仪被广泛用于测定较短路径的平均空气折射指数的结构参数。但当路径和下垫面复杂化之后，$\delta_{\ln I}^2$ 与 C_n^2 之间的线性关系不再成立，近年来有众多学者研究了大孔径闪烁仪在地形和植被非均一下垫面的应用(Zeweldi et al.，2010；Evans et al.，2012)，均得到了较好的效果。

对于大区域尺度乃至全球尺度的蒸散计算，由于下垫面复杂的异质性，包括地形、气候、植被等多方面异质性(邓芳萍等，2008)，以站点观测为主的地面观测手段无法满足应用要求，在卫星遥感技术快速发展的大环境下，遥感手段被快速应用到植被蒸散研究中。遥感估算下垫面蒸散以能量平衡原理为理论基础，可概括为三类：以少量地面观测数据和遥感估算指标为输入参数的统计经验法，通过遥感反演获得地表净辐射、土壤热通量、显热通量，然后利用余项法获得下垫面蒸散的能量平衡余项法，以及以土壤-植被-大气传输为基础的数值模型。

在遥感技术应用到蒸散估算的早期，由于相关理论知识还处于起步阶段，Jackson 等(1977)、Seguin 和 Itier(1983)、Moran 等(1994)、利用简化的能量平衡方程，通过输入植被指数[多为 NDVI(normalized difference vegetation index)]、地表温度和地面测量的蒸散进行回归分析，建立经验方程，计算方程见式(1-7)～式(1-9)，其中，式(1-7)是计算蒸散的简化方程，被称为"简化法"，式(1-8)和式(1-9)是对"简化法"的改进。这种利用遥感反演获取的少数指标和地面观测数据建立蒸散的经验计算公式被称为统计经验法。

$$\text{ET} = A - B(T_s - T_a) \tag{1-7}$$

$$\text{ET} = \text{ET}_p(1 - \text{CWSI}) \tag{1-8}$$

$$\text{CWSI} = \frac{(T_s - T_a)_m - (T_s - T_a)_r}{(T_s - T_a)_m - (T_s - T_a)_x} \tag{1-9}$$

式中，ET 为蒸散；A、B 均为待求系数，与下垫面特征有关；T_s 和 T_a 分别为相同时刻遥感反演和大气测量温度；ET_p 为地面潜在蒸散；CWSI 为作物缺水指数；下角标 m、x 和

r 分别为最小值、最大值和观测值。在"简化法"的基础上，Moran 等(1994)分析了作物水分与地表温度和植被指数之间的关系，指出植被指数与地表温度之间的变化关系近似为梯形，还有学者(Gillies et al.，1997)认为植被指数与地表温度之间的关系为三角形。

由于统计经验法需要的参数少，计算方法简单，在遥感技术应用于蒸散研究后就得到了广泛的应用，并加速了区域蒸散研究的发展，但正因为其简单并且需要的参数少，蒸散过程与下垫面地形、植被等条件之间的非线性关系使得该方法精度有限(邓芳萍等，2008)，于是，大量学者提出了基于余项法算法的能量平衡余项法。该方法使用的基本公式见式(1-10)。

$$R_n = G + H + LE \qquad (1-10)$$

式中，R_n 为地表净辐射量；G 为土壤热通量；H 为显热通量；LE 为潜热通量。在应用中，采用遥感反演方法获取 R_n、G 和 H，得到 LE、R_n 和 G 的计算方法较简单，众多研究表明，两者的误差可以控制在 10%以内，因此该方法的精度主要依赖于 H 的计算。针对 H 的计算可以分为单层模型、双层模型及多层模型。

数值模型是遥感技术及地面观测技术不断革新后的产物，以 SVAT 传输模型为基础，分别对土壤、植被和大气进行研究。数值模型以水热的传输为媒介，通过不同界面之间的水热传输特征将三者视为一个整体来研究植被蒸散(Loumagne et al.，1996；Franks et al.，1997；Pauwels and Wood，1999)。SVAT 模型在设计之初以均匀下垫面为基础，但在应用过程中却可以通过将下垫面划分为足够小的具有均一下垫面的次网格的方法应用于非均一下垫面。该方法需要输入的参数较多，包括冠层结构、植被光学特性和光合特性、土壤热力学和水力学特性及大气特征。通过遥感技术可以获得温湿度、LAI、植被覆盖等指标，在计算时用"强迫法"或"数据同化法"将遥感数据与 SVAT 模型耦合估算蒸散(Sellers et al.，1996a，1996b)，数值模型要求输入大量参数，因此其计算精度较高，但其计算过程复杂，也由于对参数的要求高，在应用过程中受到较大的限制，同时，其精度对输入的地面观测数据精度要求也较敏感，若是输入参数的精度不够，则计算结果误差较大(Olioso et al.，2005；Renzullo et al.，2008；Pan et al.，2008)。

(2)间接测定法。间接测定法指测量与蒸散过程中相关的参数，根据一定公式或原理估算蒸散量。主要包括波文比-能量平衡法、Penman-Monteith 公式法、空气动力学法、水量平衡法等。

由于间接测定法需要的参数难以精确获得，且需要严密的推理过程，一般采用理想化的方法。波文比法操作简单，精度较高，是一种常用观测方法。但当下垫面湿润时，由于空气温湿廓线相似性消失，显热和潜热湍流交换系数不同，造成计算结果偏低。另外，该方法要求下垫面均一且无平流影响，限制了波文比法的使用(黄妙芬，2004)。

Penman-Monteith 公式能较准确地计算参考作物的实际蒸散，计算精度高、应用广，其主要难点是表面阻力的估算。在下垫面复杂的情况下，表面阻力主要包括冠层气孔阻力、冠层叶片表面到源汇高度处的阻力和土壤阻力，受冠层温湿分布、土壤水分状况等的影响较大。

空气动力学方法是利用距离地面不同高度上的大气水平运动中的水汽压和风速，通过地面实测资料结合计算瞬时蒸散速率，并扩展到日蒸散。该法的难题为地表上面大气的不规则运动。

水量平衡法是针对某一区域测定水的来源与去向，通过相减的方法得到余项蒸散［式(1-11)］，也称水均衡法(武夏宁，2003)。

$$ET\Delta tA = PA + I - R - D - \Delta S \tag{1-11}$$

式中，ET 为蒸散量，m/d；P 为降水量，m；I 为外来水，m^3；R 为流出径流量，m^3；D 为渗漏量，m^3；ΔS 为土壤含水变化量，m^3；Δt 为时段，d；A 为面积，m^2。

水量平衡法中，主要问题是如何精确地测量降水量。一般情况下，地面布设测点必须分布合理，测得数据后，在空间上求其平均值，作为其降水量，以保证精度。另外，土壤理化性质变化和植被根系深度确定也给水量平衡法带来计算难题(司建华等，2005)。差值法求解蒸散量，会影响到蒸散量的精度。

由点尺度推广到区域尺度，受很多因素的影响，主要有地形、植被、下垫面水热情况影响。地形导致区域内土壤水分和下垫面能量变化，致使蒸散过程各异。植被类型不同，其植被冠层结构的差异，导致蒸散量不同。下垫面的不同，导致显热通量计算出现误差。这三个方面相互影响，使得区域蒸散的推算更加困难。

2) 区域反演

利用遥感技术对区域蒸散进行反演，实质为通过遥感影像反演与蒸散相关的地表参数，如 NDVI、LAI、地表温度等，结合地表实测资料，运用物理模型或经验公式估算蒸散。

2. 蒸散估算模型

1) 机理模型

(1) 能量平衡模型，基于地表总输入能量等于总输出能量的原理，地表能量平衡公式为

$$R_n - G = \lambda E + H \tag{1-12}$$

式中，R_n 为净辐射通量，净辐射通量与太阳总辐射有关，并随着下行辐射和上行辐射的大小而变化。在瞬时值方面，当太阳总辐射大时，地表净辐射量大；当太阳辐射小时，地表净辐射量小。G 为土壤热通量，与净辐射有一定的关系，并与 NDVI、LAI、地表反射率有关。当净辐射量大时，地表土壤热通量相对较大；当净辐射量小时，地表土壤热通量相对较小。H 为感热通量，与大气状态有关，与特定高度处的风速、温度、空气流动有关，是这些变量的函数。当大气状态稳定时，地表感热通量较大；当大气状态不稳定时，地表感热通量较小。λE 为潜热通量。G 与 R_n 成一定比例，可由影像反演参数如叶面积指数或植被覆盖度的经验关系公式［式(1-13)］确定(Bastiaanssen et al.，1998a，1998b) 如下

$$G = \frac{T_s - 273.16}{\alpha} \times \left[0.0032 \times \frac{\alpha}{c_{11}} + 0.0062 \times \left[\frac{\alpha^2}{c_{11}} \right] \right] \times (1 - 0.978 \text{NDVI}^4) \times R_n \quad (1\text{-}13)$$

模型中大部分参数可以通过遥感反演的参数进行推理或是经验关系得到，如地表净辐射通量、土壤热通量和地表参数，但模型中最难的部分为显热通量的计算，如何确定显热通量及其精度，将影响到模型反演蒸散的准确性。

(2) 单层模型，即"大叶"模型，也就是不区分土壤、植被，把地表看作一张叶片，研究其与外界的水分、能量交换（高彦春，2008）。此模型物理意义明确，但实际的地表存在空间异质性和复杂性，这导致潜热通量的表面阻抗数值较难测量，且易产生误差。因此，通常多采用余项法来减小误差，其通用公式为

$$H = \rho C_p \frac{T_s - T_a}{r_a} \quad (1\text{-}14)$$

式中，C_p 为空气比定压热容。r_a 与大气状态有关，为空气动力学阻抗。当大气中风速大时，空气动力学阻抗小；当大气中风速小时，空气动力学阻抗大。T_a 为参考高度的气温；由于大气层的传热性，参考高度处的温度可用地面温度来求解，根据大气温度的垂直变化，利用经验关系式求解参考高度处的温度。ρ 为空气密度，空气密度与空气中的颗粒物、气体粒子有关。T_s 为地表温度。

单层模型在使用中遇到的难题是，遥感影像反演的表面温度并不是计算中需要的地表温度，而是植被冠层和土壤表面的温度，并非模型中要的冠层空气动力学温度。校正方法为：一是加一项剩余阻抗，但很难确定其表达式；二是利用经验公式调整两者之间的差值。

(3) 双层模型简称 S-W 双层模型，是由 Shuttlewonh 和 Wallace（1985）提出的。将土壤和植被冠层分开，单独计算土壤对能量通量的贡献，分别建立植被冠层与土壤表面的能量平衡方程式。鉴于双层模型能够较好地解释稀疏植被下土壤与植被能量的分配规律，因而在植被覆盖偏低的地区较为适用（Friedl，1995）。但在计算表面辐射温度时，往往采用假设或是限定条件来解决，这容易造成误差，因而模型应用受限，又鉴于此，运用热红外波段反演土壤与植被的组分温度，使方程完整，是目前解决该问题最有效的方法（辛晓洲等，2003）。

遥感模型反演得到瞬时蒸散量，需进一步求解日蒸发量，可采用蒸发比法，其公式为

$$\frac{\lambda E_d}{F_d} = \frac{\lambda E}{F} = ER \quad (1\text{-}15)$$

式中，λE_d 为白天的累积蒸散量，与一天中日照时数、太阳辐射有关；F_d 是能量平衡中某个分量的白天累积值，遥感影像一般在白天获得，故反演出的能量分量为白天时的能量；λE 是白天蒸散量，F 是能量分量，由遥感反演得到，均为影像获取时刻的瞬时值；R 为蒸发通量比率。利用能量之间的经验比例关系，进行求解。如果天空中有云时，会

出现较大误差；无云时，效果良好。但计算长期蒸散须包括日夜蒸散。蒸发比法的缺点是忽略了夜间蒸散。另有研究指出，晴天条件下，一天内潜热通量数值呈正弦函数变化，还可采取参考作物系数计算日蒸发，计算值更稳定。

(4)陆面过程模型是描述土壤-植被-大气传输的模型，具有严密的物理推理基础，用来研究地-气之间物质、能量转换过程。该模型能够模拟连续的地表水热过程，但对输入数据要求很高，这成为模型应用的主要障碍。遥感技术在陆面过程研究中的应用已成为研究热点，主要有以下三个方面：第一，模型初始参数确定，如叶面积指数、土地利用类型等；第二，经验数据的收集，包括气象要素、地面实测数据；第三，估计和优化模型的状态变量(李新，2007)。

(5)基于能量平衡的彭曼类模型。1948 年 Penman 和 Monteith 得出了下垫面不饱和时蒸散的计算公式。通过遥感影像进行反演，能够获取模型中所需的土壤热通量、净辐射通量、下垫面特征等参数，但在区域尺度上不能直接获取土壤水分状况和植被生理特征。为了寻求更稳定的方法，Cleugh 等(2007)用叶面积指数估算表面阻抗，提出彭曼公式计算出的蒸散结果更科学。出于实用目的，联合国粮食及农业组织定义了参考作物蒸散量，以短草蒸散量为例，高度为 0.12 cm，反射率为 0.23，表面阻抗为 70 s/m 的蒸散量与土壤水分胁迫系数、作物系数乘积，计算实际蒸散。但存在作物种类、覆盖度等不确定因素，这为遥感估算作物系数造成障碍(彭世彰和索丽生，2004)。

2)半经验模型

挖掘遥感影像易获取的参数计算瞬时或日蒸散量，是半经验模型的通用方法，是以瞬时地气温差获得日蒸散量的简化模型最常用式(1-18)。1997 年，Jackson 等创建此模型，后来很多学者如 Seguin、Caselles 等对其进行完善和改进。模型运行所需参数较少，但可模拟不同土地利用类型覆盖度的复杂蒸散量。

$$R_{n24} - LE_{24} = B(T_{r13} - T_{a13})^n \tag{1-16}$$

式中，R_{n24} 为日净辐射量，与太阳总辐射有关；LE_{24} 为日蒸散量，与日照时数、空气状态有关；T_{r13} 为下午 1 时地温，T_{a13} 为 50 m 高处的气温；B 为一天中 H 的平均总传导率，B 随着植被覆盖度的增加而增大，其值位于 0.01～0.06 之间。R_{n24} 由实测数据或经验公式得出，参考高度处温度低于植被覆盖区域，故可由地温和构成的三角形散点图近似得出。Gillies 和 Carlson 采用比值归一化植被指数，用表示计算植被覆盖率 f/b 和 n 的值：

$$N^* = \frac{NDVI - NDVI_0}{NDVI_{100} - NDVI_0} \tag{1-17}$$

式中，$NDVI_{100}$ 为全覆被状况下的值；$NDVI_0$ 为无植被覆盖下的值。

$$\begin{aligned} f &\approx N^{*2} \\ B &= 0.0109 + 0.05N^* \\ n &= 1.067 - 0.372N^* \end{aligned} \tag{1-18}$$

该模型有两点不足：第一，参数 B 和 n 需要经验关系给出；第二，一天中云量和风速的变化，以及地表温度变化均较大，会影响模型的精度，导致误差过大。

为简化处理，Rivas 和 Caselles 分别处理公式中的辐射项和空气动力学项，用参考作物检析，结果辐射项年内变化不大，约为常数，利用与时间的线性关系，构建起特定区域参考作物蒸散量与地温的关系模型。其公式为

$$ET_0 = a''(T_s) + b'' \tag{1-19}$$

3) 经验模型

Jackson 等（1977）提出，仅利用遥感影像热红外波段求解的地表温度估算全天蒸散量。这种方法需要的参数少，容易实现。一般情况下，通过回归分析得到显热通量与温差经验关系，其具有局限性。此外，对 T_s、蒸散量与土壤水分、NDVI 的关系进行过很多研究，当研究区内植被覆盖度和土壤含水量充足时（Price，1990）在散点图上，T_s 和 NDVI 呈三角形；Moran 等（1994）提出水分亏缺指数，认为植被覆盖度与 T_s 关系散点图呈梯形；Nishida 等采用 NDVI-T_s 散点图关系推算土壤的"干点"和"湿点"，并计算土壤蒸散比。

基于能量平衡原理和空气动力学理论的模型有单层模型、双层模型与彭曼模型，均具有物理基础，但应用范围有所不同。单层模型最简单，需要采用剩余阻抗进行修正；双层模型将植被冠层与土壤表面蒸散分开，但阻抗的准确计算很困难；彭曼模型仅依据特定高度处的温度，但多种因素影响表面阻抗的计算经验模型研究、蒸散量与土壤含水量的关系，运用较少气象数据进行计算，模型简单，但有区域局限性。

1.3.3 蒸腾和蒸发的组分拆分研究现状

地表蒸散是发生在土壤-植被-大气这一复杂体系内的连续过程，是田间水分消耗的最主要形式，贯穿于作物生长发育的全过程（康绍忠等，1994）。地表蒸散量（evaportranspiration，ET）及其分量的确定是各类节水灌溉技术研究的基础，是提高水资源利用率、利用效率和生产效益，以及缓解用水紧缺压力的重要途径（郭家选等，2008）；是制定灌溉制度、灌溉方式与灌溉时间的理论指导（郭家选等，2006）；是影响农田地表能量分配、制约小尺度微气象状况和大范围气候变化的重要因素（郭家选等，2004）。研究和测算农田地表蒸散及其分量，对进一步精准掌握土壤-植物-大气间的水汽交换、土壤水分运移、植物水分传递及作物生育期内的水分消耗规律、提高水分利用效率、实现水资源优化管理、科学合理灌溉和建设节水型社会等具有重大的现实意义。

研究表明地表蒸散量是近地层（地-气界面、植被-大气界面）水汽通量的主要组成部分，测量生态系统通量的传统方法有水量平衡法、热脉冲法、波文比-能量平衡法、涡度相关法等。水量平衡法原理简单、操作性强，在充分考虑水分运动形态的基础上，克服了地理与气象因素对应用条件的制约。但水量平衡法对地表蒸散分量的准确测定难度较大，土壤水分的空间变异显著，计算周期长，不适宜短期内的应用研究（Rana and Katerji，2000）。热脉冲法虽能将观测的植株单点液流速率换算成整株的液流量，同时能有效区分叶片蒸腾与土壤蒸发，实现定点连续监测。但在将单点速率换算为植株茎秆截面平

均流速、将单棵植株蒸腾换算为群体水平时受到诸多因素的影响,误差较大(Giorio and Giovanni,2003);波文比-能量平衡法虽然考虑了环境因子对地表蒸散的影响,其观测值也能有效地代表一定范围内的水热平均交换速率,但前提是满足水热交换系数相等的假设条件,而实际中往往得不到满足(Todd et al.,2000;强小嫚等,2009)。涡度相关法具有坚实的物理学基础和理想的测量精度,被公认为标准的地表蒸散测定方法。以上这些方法虽能解释净蒸散通量 ET 的大小和部分特性,却不能直接反映出其组分土壤蒸发 E 和叶片蒸腾 T 的相对贡献率的大小(Yepez et al.,2003)。

近年来,由于同位素测量技术的高精确性和不易受外界因素干扰等特点,同位素相关技术在水文水资源、重金属污染源判断、水循环、碳-氮循环等各领域得到了广泛的应用。而基于稳定同位素原理的稳定同位素分析技术也渐渐成为分割生态系统地表蒸散水汽通量 ET 研究的新途径(Brunel et al.,1992;Brunel et al.,Walker 1995;Yakir and Wang,1996;Moreira et al.,1997;Yakir and Sternberg,2000;Williams et al.,2004)。同位素法的优点在于,稳定同位素贯穿于农田生态系统水分循环的全过程,能够在时空尺度上整合反映农田生态系统水分循环过程对外界环境条件变化的响应,而其自身大小和稳定性不易受外界各种因素的干扰,数据测定精度高;同时,可以同步测定土壤及植物不同冠层的蒸散变化过程,这些特点使得稳定同位素分析技术逐渐成为科研工作者深入理解生态系统水分循环过程对环境因子变化响应机制的重要研究工具(Farquhar et al.,1989;Dawson et al.,1998;Yakir and Sternberg,2000)。

地表蒸散水汽组成的 O、H 元素,其自然丰度下的同位素 $^{18}O/^{16}O$、$^2H/^1H$ 是研究各类生态系统和大气间水汽交换的重要示踪元素。已有研究表明,土壤蒸发水汽和植物叶片蒸腾水汽同位素组成信号截然不同(Yakir and Sternberg,2000;Yepez et al.,2003;Lai et al.,2006)。植物根系吸收土壤水分后,水分在由根部向上运输到叶片或幼嫩且未栓化的枝条之前通常不会发生 H、O 同位素的分馏现象(Dawson et al.,2002;Williams et al.,2004)。SPAC 系统内土壤-大气界面:土壤蒸发水汽的同位素比值 δE 相对于浅层土壤未蒸发水分发生了贫化,而植物-大气界面:植物叶片蒸腾水汽的同位素比值 δT 则相对于植物体内水分发生同位素富集的现象。研究表明在同位素稳态(isotopic steady state,ISS)时,蒸腾水汽的同位素组成等于根系吸收的土壤水的同位素组成(Flanagan et al.,1993;Wang and Yakir,2000)。正是借助农田生态系统土壤蒸发水汽与植物蒸腾水汽同位素组成的这种差异与联系,进而奠定了利用水汽的 H、O 稳定同位素分割地表蒸散 ET 的科学基础(Yakir and Wang,1996;Yepez et al.,2003)。

长久以来,关于水汽组成的 H、O 稳定同位素的研究大多采用同位素冷阱技术将气态水转化为液态水后再利用质谱仪分析技术分析其组成,此种方法虽然可以获得水汽的同位素组成,但时常导致采样数量不足、采样周期短且无法实现连续采样等问题,尽管有少数研究持续时间较长但其时间分辨率也较低,这些不足都严重地限制了同位素分析技术在各类生态系统水汽运移、变换及循环研究过程中的深入应用。大气水汽 O、H 稳定同位素组成 δ_V 和地表蒸散水汽通量原位连续观测技术的实现,打破了同位素分析技术的瓶颈,克服了传统方法"先取样,后观测"误差较大的问题,实现了水汽同位素组成 δ_V 的原位连续观测(Lee et al.,2005;Wen et al.,2008)。目前基于上述缺陷设计的液态水同位素分析仪，以其坚实的理论基础和出色的实践表现使其对 H、O 稳定同位素的高精度原位连续观测成为现实，也成为目前分割地表蒸散的重要研究手段。

我国开展稳定同位素分析技术研究相对较晚，主要受限于仪器设备等客观条件，而利用稳定同位素技术分割地表蒸散的研究则更是始于近些年。曹燕丽等(2002)介绍了 H 元素的稳定同位素 D 的测定方法及其在植物水分来源研究中的相关原理和方法；石辉等(2003)就 H、O 元素的稳定同位素在农田生态系统水分循环和植物体内水分运移转化时的同位素分馏效应进行了综述，理清了彼此间的各种关系；章光新等(2004)就 H、O 稳定同位素在水分循环研究中的应用标准及有关研究进行了综述；孙双峰等(2005)系统地介绍了 C、H、O 稳定同位素在土壤-植被-大气连续体中的具体应用及研究进展，为稳定同位素技术应用于我国农田 SPAC 系统水分循环研究提供了极为珍贵的参考；柳鉴容(2008)根据当年大气降水同位素观测网(CHNIP)所得的数据对同位素的组分进行测定，并据此分析了西北地区大气降水 ^{18}O 的时空分布特征，有力地反映和表征了西北地区独特的局地气候特点；温学发等(2008)系统地阐述了植物叶片水同位素富集原理，并对稳态假设、Keeling Plot 方法进行了进一步的验证和研究；苑晶晶(2008)利用稳定同位素技术研究了冬小麦利用地下水的特征，分析并确定了在不同水分处理条件下土壤水和植物茎水 $\delta^{18}O$ 值之间的关系，并利用相关模型估算了冬小麦不同生育时期对浅层地下水的利用比例；袁国富等(2010)通过连续观测麦田的地表蒸散水汽同位素信息，成功地引进了适应于我国农田地表蒸散分割研究实际需要的 Keeling Plot 模型及相关参数的确定方法，为我国地表蒸散分割研究开启了全新的方向。

稳定同位素技术最早用于科学研究是作为示踪物质使用的，随着测定技术的逐步发展与完善，基于稳定同位素分析技术的研究方法逐渐被应用于工程地质、水文循环、气象等诸多研究领域(Farquhar and Gan，2003)。国外有关稳定同位素技术的应用研究开始较早，相关研究成果也颇为丰富。随着该项技术的应用推广和同位素分析仪器的研发，稳定同位素技术被逐渐用于大气水汽同位素组成的测定及植物水循环过程的测定。Keeling(1958)对美国太平洋沿岸森林和草地生态系统进行了研究，发现 C、O 两种元素的同位素各自的比值 $\delta^{14}C$、$\delta^{18}O$ 与 CO_2 和 H_2O 的浓度间存在显著的线性变化趋势，并最终得出了 Keeling Plot 曲线原理；Craig 和 Gordon(1965)在长期研究的基础上，提出了基于理想条件下开放水体蒸发水汽的同位素组成的 Craig-Gordon 模型，为稳定同位素研究奠定了基础。同种元素的不同同位素在各物相间变化时，同位素比值的分配会有差异，定义该种差异为同位素分馏，用平衡分馏系数表示同位素分馏效应的大小。Merlivat(1978)经过研究给出了同位素分馏系数的计算公式，有力地推动了同位素研究的发展；Allen(1990)在 Craig-Gordon 模型研究的基础上，成功地将该模型用于土壤蒸发水汽同位素组成的研究中，发现模型预测值与田间试验结果匹配极佳；Ehleringer(1992，2002)研究发现：植物根系在吸水及水分由根部经茎秆向叶片运输的过程中是以液流形式进行的不存在汽化现象，故不会发生稳定同位素的分馏过程；Yakir(2000)提出：植物蒸腾水汽的稳定同位素组成信息等于植物叶片吸收的土壤水的同位素组成信息——同位素稳态假设理论，为稳定同位素技术应用于农田蒸散研究奠定了理论前提；Yepez 等(2003)研究发现：不同物种间距离同位素稳态的幅度和所需时间不同，且取决于叶片周围大气湿度及叶片水的周转时间；在较大时间尺度上，田间植物蒸腾水汽稳定同位素组成 δ_T 变化较大，研究发现上午时刻植物蒸腾水汽稳定同位素组成相对于下午时刻较低，这说明同位素稳态假设在大时间尺度上不完全成立(Farquhar and Cernusak, 2005)；同时 Cernusak 等(2002)研究表明在田间自然条件下，午间蒸腾较高时同位素组成满足稳态假设效果最佳；针对非稳态情形，Farquhar 和 Lee 等分别进行了模型研究；Griffis 等(2007)在前人研究的基础上，对 Keeling Plot 方法进行了空间尺度的扩展，使其可以满足生态系统及区域尺度上水汽通量的交换研究。

　　稳定同位素技术在生态系统水分耗散结构方面的研究，由最初的探索逐渐走向成熟并不断深入，开始逐步应用于不同生态系统的研究及生态系统内不同植被类型或者不同水分处理条件下的水分通量研究。Walker 和 Brunel(1990)在 20 世纪 90 年代只研究各自水汽的同位素含量特征及叶片同位素分馏与蒸腾速率的关系，却没有最终量化蒸散的结构；十几年后，对美国科罗拉多州草原生态系统的研究表明(Ferretti, 2003)，该地区由于蒸发，土壤水比雨水更富集重同位素，土壤蒸发在生长季占到蒸散的 0%～40%，该研究肯定了基于稳定同位素方法研究水分耗散结构的可行性。同一时期，Wang 等(2010)对美国亚利桑那州东南部圣彼得河上游稀树草原上层林冠和下层植被水分耗散结构研究发现，在雨季过后，蒸腾量占整个生态系统蒸散量的 85%，同时期下层林草蒸腾量占到50%，这个结果与他们用涡度相关方法测定的结果一致。

　　水汽中稳定同位素含量在灌溉后随时间也有不同的变化。Yepez 等(2005)用 Keeling 曲线法研究灌溉后半干旱草原区蒸腾比例的变化：灌溉后第 1 天蒸腾占蒸散总量的 35%，第 3 天升高到 43%，在第 7 天比例下降到 22%。而对于西双版纳地区的热带雨林来说(刘文杰等，2006)，雾水中包含区域再循环的蒸发水汽，所以有重同位素的富集，持久浓重的辐射雾是导致西双版纳地区热带雨林蒸散和土壤蒸发率较低的重要因素。此外，水汽同位素特征还受纬度和季节的影响(章新平等，2005)。在蒙古东部 Kherlen 河流域对森林和草原生态系统的水汽研究中发现(Tsujimura et al., 2007)，由于蒸散的水汽与大气边界层以外的大气混合，$\delta^{18}O$ 在 6～10 月呈现下降趋势，当海拔升高时也会出现相同现象，这个地区森林蒸腾量占到 60%～73%，林木对蒸散量的贡献一般较为稳定(Mitchell et al., 2009)。为使环境因素对同位素组成的影响减少到最低，还有研究者(Rothfuss et al., 2010)在没有假设稳定条件的前提下探讨气候箱控制下的牛尾草的水分耗散情况，试验期间土壤蒸发对蒸散的贡献从 100%(裸地)依次下降到 94%(播种后 16 天：DAS16)、83%(DAS 28)、70%(DAS 36)和 5%(DAS 43)。

　　氢氧稳定同位素技术在对草原和森林生态系统水分耗散结构的研究方面比较深入和完善，对进一步发挥生态系统整体功能有促进作用。当稳定同位素技术应用到农田与果园水分耗散时，将会促进生产型用水的合理分配，但目前看来此类研究还相对较少。用涡度相关法和稳定同位素法结合通过测定蒸散量和液态及气态水可以将植物蒸腾和土壤蒸发区分开来。对于华北地区冬小麦无露水日日水汽蒸散研究发现(Zhang et al., 2010)，土壤蒸发的同位素含量在–50‰～–40‰范围内，存在显著的同位素分馏效应，表层土壤水的同位素显著富集，而蒸发水汽同位素明显贫化，并且中午时段的拟合结果较好。在麦田拔节、抽穗和灌浆 3 个发育期，蒸腾占总蒸散的比例在 94%～99%之间，与传统的平均值 70%(刘昌明等,1998)有所不同,可能是冬小麦生长旺季、叶面积指数大、冠层覆盖密的缘故。此外,灌溉也影响着土壤蒸发和植物蒸腾的变化(Williams et al.,2004)。在橄榄树果园里,灌溉前蒸腾占总耗水量的 100%,而灌溉后的 5 天内蒸腾占 69%~86%,土壤蒸发与日尺度的大气水汽压差正相关,但蒸腾却与之无关。运用可调谐式二极管激光器的吸收光谱法原位连续测定的大豆冠层水汽样同位素的研究发现,垂直水汽的混合和露水的形成都对蒸散水汽的同位素特征有影响(Welp et al.,2008)。

1.3.4 下垫面蒸散影响因素

植被蒸散包含植被蒸腾、土壤蒸发及植被表面蒸发,因此其影响因素可概括为生物因素和非生物因素。

1. 生物因素的影响

生物因素的影响表现在植被组成变化对蒸散的影响,在研究植被因素时,可根据植被组成将下垫面划分为均一植被下垫面和非均一植被下垫面,均一植被下垫面即下垫面植被组成为单一植被类型,非均一植被下垫面则由不同植被类型共同组成。对于均一植被下垫面蒸散的研究相对简单,现阶段的均一植被下垫面蒸散研究多以农田、草坪为研究对象(张新民,2002;于稀水,2007;罗兰娥等,2008;阳付林等,2014)。农田和草坪蒸散具有明显的季节变化,与降水和物候具有显著相关性,不同农作物及草坪具有不同的蒸散特征。非均一植被下垫面主要指森林下垫面,是植被生态系统中变化最复杂的下垫面。在全球范围内的分布从热带雨林到寒温带针叶林,从阔叶林到混交林再到针叶林,从纯林到杂木林,在不同地区、不同环境背景下具有不同的植被组成特点。同时,在人类活动频繁的地区,森林植被、农田、水域及居民区(城市)相互影响,是最为复杂的系统。金晓媚等(2008)利用不同植被具有不同植被指数的原理分析了不同植被类型下垫面蒸散的特征,裴超重等(2010)对长江源区的蒸散研究表明,植被生长状况与蒸散呈正相关关系。

植被变化对蒸散的影响并非线性关系,且与非生物因素有密切关联,导致了植被与蒸散之间的复杂性,到目前为止,植被因素对蒸散影响的研究并不多,大多集中在蒸散本身的研究层面上。关于植被组成对蒸散影响的研究也因研究尺度的不同而有所侧重,对于区域尺度或者更大尺度的蒸散研究,植被影响主要体现在土地利用类型的区别上,而对于小尺度的研究则体现在物种组成及植被类型的不同。

2. 非生物因素的影响

非生物因素可概括为地质因素和气象因素两方面,地质因素通过直接影响植被生长和对小气候的改变来间接影响蒸散。地质因素可分为地形和土壤两方面,地形又分为坡度、坡向和海拔;气象因素则主要为太阳辐射、降水、气温等。地质因素对蒸散的影响体现在空间上的差异,而气象因素差异对蒸散的影响则在时空上均有体现。

不同坡向的坡面接收到的太阳辐射量不同,在北半球,存在阳坡及阴坡的说法,山南水北即为阳坡,反之则为阴坡。同一地区阳坡接收到的太阳辐射量大于阴坡。张秀英和冯学智(2006)基于数字地形模型分析了山区太阳辐射的变化特征,其研究表明地形尤其是坡向，对天文辐射的影响较大，且随着季节的变化而发生变化。王璁(2012)对宁夏地区太阳辐射的时空分布分析也表明，地形对太阳总辐射、直接辐射、散射辐射和反射辐射均有较大影响。地形因素在对太阳辐射影响的同时也影响着局部地区的小气候，如温度、降水、风速和风向等。陈吉琴(2007)对长江流域近50年来的气象及蒸发的分析表明，在不同地形条件下，各类气象因子，包括气温(最高、最低)、降水量、气压、水汽压及蒸发量均有不同。高永年等(2010)基于能量平衡原理，在考虑蒸散能量来源——太阳辐射通量的地形效应的情况下，分析了山区蒸散特征，结果表明，在考虑地形因素之后研究结果的精度明显提高，但由于加入地形因素，计算过程变得复杂。

　　地质因素和气象因素对蒸散的影响虽然各有侧重，但是两者的影响效应往往是同时产生，并非单独作用，在分析过程中通常将两类因素同时考虑。

1.4　存在的问题与发展趋势

1.4.1　存在的问题

　　森林蒸散研究经过多年的发展，已经取得了丰硕成果，在高精密仪器和严密理论的支撑下，从叶片尺度耗水到全球尺度均有涉及。研究对象从最简单的均一下垫面(地势平坦，植被组成单一)到复杂的山区森林植被，从热带雨林到沙漠绿洲，再到寒带针叶林均有研究，但至今仍存在未解决的问题。

　　在研究林分以上尺度的森林蒸散时，观测数据多源于站点仪器点尺度的观测，用点尺度的观测数据代表下垫面面域上的蒸散，存在误差。早期的波文比-能量平衡系统和现今应用广泛的涡度相关系统均以均一下垫面为理论假设，认为森林下垫面各点的物理特征相同，植被活动强度也相同，因此可以用点数据代表面数据。但在实际应用中，满足这种假设条件的情况很少，尽管随着研究的深入，各种修正方法应运而生，但测量结果的闭合度小于1的问题仍然存在，大多数研究的闭合度在0.8左右，除了气象因素外，空间代表性不够是重要原因。

　　在利用$\delta^{18}O$技术区分生态系统土壤蒸发与植物蒸腾过程中，仍然有许多挑战。在对植物蒸腾$\delta^{18}O$进行计算时，由于目前没有准确、可靠的方式计算植物蒸腾水汽$\delta^{18}O$，对于植物蒸腾水汽$\delta^{18}O$往往是基于同位素稳态假设，即通常认为植物未发生分馏的茎干水或者枝条水$\delta^{18}O$与植物蒸腾$\delta^{18}O$一致，稳态假设如果基于长时间尺度，如年，是成立的，但是在短时间尺度，如日、小时甚至分钟，外界环境(温度、湿度、气压等)显著影响植物蒸腾水汽$\delta^{18}O$，导致稳态假设只有在中午时才近似有效，稳定状态假设只是一个近似值，植物蒸腾水汽$\delta^{18}O$在早晨比植物枝条水$\delta^{18}O$低，而在下午时刻，植物蒸腾水汽$\delta^{18}O$比植物枝条水$\delta^{18}O$高，早晨和下午这两个时间段正是蒸腾快速上升和下降时期，同位素处于不稳定态，导致δ_T计算存在误差，因此利用稳定状态假设会对植物蒸腾水汽$\delta^{18}O$的估算带来误差。此外，较短的时间尺度上Graig-Gordon模型的主要控制因子是相对湿度，6～10时和14～18时相对湿度变化幅度较大，易造成δ_E估算精度下降。Keeling曲线反映的是一个时段的平均状况，6～10时和14～18时的水汽浓度与同位素比率之间的线性关系较低或不显著，Keeling Plot 方程估算的蒸散 δ_{ET} 可能产生偏离。因此，要实现土壤蒸发 δ_E 和植物蒸腾 δ_T 的精确估计需要增加样本数量，同时考虑同位素的非稳定态，精确计算时刻变化的叶片蒸腾水汽的 $\delta^{18}O$，对于 δ_{ET} 估算则需要与通量-廓线观测技术相结合来提高采样的频率。δ_E、δ_T 和 δ_{ET} 测定数量的增加可以有效地减少二元线性混合模型的不确定性。生态系统中蒸散的混合来源（土壤蒸发和植物蒸腾）及混合物（生态系统蒸散）$\delta^{18}O$ 的总体变异是较为固定的，因此只能通过增大样本数量来减小结果的误差，即通过较多的观测数据来实现较为精确的森林生态系统蒸散区分，通过加大样本的观测密度，获得相对较高时间分辨率的 δ_E、δ_T 和 δ_{ET} 数据，对于降低利用公式估算生态系统土壤蒸发和植物蒸腾混合比例不确定性是目前一种有效手段。

利用稳定同位素技术研究森林生态系统水分循环过程中，对于不同时间尺度上森林生态系统蒸散的研究依然存在很多亟待解决的问题，同时，由于山区地理环境复杂，影响因素众多，需要对该技术在森林生态系统中的应用条件及注意事项进行深入的研究，以进一步提高计算结果的准确性。

1.4.2 发展趋势

卫星遥感技术的出现为区域蒸散研究带来了福音，近几十年来利用遥感技术研究蒸散已经逐渐成熟，但由于遥感数据分辨率有限，受气象因素的限制（尤其是云层的遮挡），以及下垫面的空间异质性大；同时对于某一特定区域来说，遥感数据为瞬时值，而在实际应用中往往需要将时间尺度进行上推，这些因素都使得遥感反演估算存在不确定性。

由于遥感反演技术估算区域尺度蒸散的不确定性，为了提高其精度往往需要用地面观测资料来进行验证。除此之外，到目前为止所开发出来的遥感模型要么需要输入地面观测数据，要么计算精度有限，遥感反演估算蒸散的研究对象是区域的面尺度，而站点观测数据是点尺度，因此，从点到面或者说是从小到大的尺度扩展也是学者们的研究热点。

由于科学技术的限制，蒸散观测的尺度问题限制了蒸散研究的深入分析，如中小尺度（平方千米）起伏下垫面蒸散对各影响因子如（地形、植被）的响应研究较少，同一区域中不同植被类型对蒸散的贡献率的研究也较少，而这一类研究对区域水资源管理具有重要作用。

近 20 年来，大孔径闪烁仪的出现为区域尺度的蒸散研究提供了一种新思路，但该技术仍处在发展阶段。大孔径闪烁仪以莫宁-奥布霍夫相似理论为基础，其研究尺度为千米尺度，正好与现阶段遥感数据象元尺度相吻合，这就为遥感数据与地面数据验证提供了一种对等空间尺度的平台。

本书将利用大孔径闪烁仪法和遥感反演估算法分别研究平原区和山区蒸散特征，同时，在平原区用经典的涡度相关法对大孔径闪烁仪法和遥感估算法的计算结果进行对比分析，验证其精度。在此基础上，利用源区权重函数分析不同植被类型的蒸散量，以及对区域蒸散的影响；同时分析山区复杂地形对蒸散的影响。

地表蒸散的实测方法不仅是获取地表蒸散分割第一手数据的基本途径，更是应用和检验模型可行性与准确性的有效手段，在加强和巩固蒸散实测研究的同时，提高和改进实测仪器的适用性显得迫在眉睫，稳定同位素等针对地表蒸散动态分割技术的引入与发展，将成为未来地表蒸散测定与分割研究的重要手段和方向。模型是遥感地表蒸散的核心，模型算法的结构和复杂程度决定了遥感方法的适用范围，同时考虑到下垫面均匀性和时空延拓性的动态模型将成为今后遥感地表蒸散研究的重点。与此同时，利用不同遥感数据联合获取同一蒸散参数及采用微波遥感进行全天候、不间断的地表蒸散研究将成为今后地表蒸散遥感研究的趋势。

第2章　生态系统蒸散研究技术

2.1　大孔径闪烁仪器

在蒸散研究中小尺度到大尺度扩展遇到瓶颈的现阶段，大孔径闪烁仪作为新型的显热通量观测仪器，被众多学者寄予厚望，期待其在尺度扩展过程中能得到理想的效果。本章拟借助大孔径闪烁仪和遥感手段实现小尺度到中小尺度的过渡。

2.1.1　大孔径闪烁仪工作原理

目前使用的大孔径闪烁仪有两类，荷兰 Kipp & Zonen 公司(2003 年前为瓦赫宁根大学生产)生产的 LAS 和 XLAS 两种型号，以及德国 Scintec 公司生产的 BLS450、BLS900、BLS2000 与 SLS20、SLS20-A、SLS40、SLS40-A 等型号。两类闪烁仪均包含发射端和接收端、数据采集器等部件。Kipp & Zonen 公司的大孔径闪烁仪发射单一连续点光源，功率较小，在光径较长或者能见度低时无法正常使用，在野外需要进行校正。Scintec 公司生产的大孔径闪烁仪发射面脉冲光源，功率大，且发光均匀，发射角为 16°，无需校正(刘绍民等，2010)。本书中所使用的闪烁仪为德国 Scintec 公司生产的 BLS450。

闪烁仪发射端发射出一定波长的光束，经过一定距离的大气传播由接收端接收，光束在传播过程中由于受到大气温度、湿度及气压梯度等的影响(Hill et al.，1980)，到达接收端时的光强与发射端存在差异(卢利等，2005)。Wang 等(1978)研究表明，发射器发射经过高频调制的一定波长的波束，接收器接收到孔径范围内受光程路径上温度、湿度和气压扰动影响的光束，并对接收到的信号进行放大、解调及计算处理，从而得到空气折射指数的结构参数 C_n^2 ($m^{-2/3}$)，见式(2-1)(吴海龙等，2013)。

$$C_n^2 = 1.12\delta_{\ln I}^2 D^{7/3} L^{-3} \tag{2-1}$$

Hill 等(1980)研究表明，大气湿度、温度及气压梯度对空气折射指数的结构参数 C_n^2 产生显著影响，见式(2-2)。

$$C_n^2 = \frac{A_T^2}{T^2}C_T^2 + \frac{A_q A_T}{Tq}C_{Tq} + \frac{A_q^2}{q^2}C_q^2 \tag{2-2}$$

式中，A_T 和 A_q 分别为 C_T^2 和 C_q^2 的相对贡献量，分别是气压 p、温度 T 和湿度 q 的函数，分别由式(2-3)和式(2-4)表示；C_q^2 为折射指数的湿度结构参数；C_{Tq} 为协变量。在可见光及近红外范围内，温度为影响 C_n^2 的主要因素(Wesely，1976)，因此 C_T^2 可表示为式(2-5)。

$$A_T = -0.78\times10^{-6}\frac{p}{T} \tag{2-3}$$

$$A_q = -57.22 \times 10^{-6} q \tag{2-4}$$

$$C_T^2 = C_n^2 \left(\frac{T_a^2}{7.9 \times 10^{-7} \cdot p} \right)^2 \left(1 + \frac{0.03}{\beta} \right)^{-2} \tag{2-5}$$

由莫宁-奥布霍夫相似近地层大气相似理论(Panofsky and Dutton, 1984)可知，温度结构参数和感热通量 C 有式(2-6)的关系。

$$\frac{C_T^2 (z-d)^{2/3}}{T_*^2} = f_T \left(\frac{z-d}{L_{MO}} \right) \tag{2-6}$$

式中，z 为观测高度；d 为零平面位移高度；L_{MO} 为莫宁-奥布霍夫长度，见式(2-7)；T_* 为温度尺度，见式(2-8)；f_T 为与大气稳定度有关的普适函数。

$$L_{MO} = \frac{u_* T}{g k T_*} \tag{2-7}$$

$$T_* = \frac{H}{\rho C_p u_*} \tag{2-8}$$

式中，ρ 为空气密度；C_p 为空气比定压热容；u_* 为摩擦风速。

普适函数 f_T 的表达式有多种形式，常见的在稳定状态下和不稳定状态下的表达形式有 5 类，见表 2-1。本章研究区概况与 Andreas(1988)中的类似，且经过后文(由于篇幅的问题，在此不详细展示)的分析表明，采用 Andreas(1988)的表达式更合理。

表 2-1　普适函数 f_T 的 5 类常见表达式

类型	$L_{MO} < 0$	$L_{MO} > 0$
Wyngaard 等(1971)	$f_T \left(\dfrac{z-d}{L_{MO}} \right) = 4.9 \left(1 - 7 \dfrac{z-d}{L_{MO}} \right)^{-2/3}$	$f_T \left(\dfrac{z-d}{L_{MO}} \right) = 4.9 \left[1 + 2.75 \left(\dfrac{z-d}{L_{MO}} \right) \right]$
Wyngaard(1973)	$f_T \left(\dfrac{z-d}{L_{MO}} \right) = 4.9 \left(1 - 7 \dfrac{z-d}{L_{MO}} \right)^{-2/3}$	$f_T \left(\dfrac{z-d}{L_{MO}} \right) = 4.9 \left(1 + 2.4 \left(\dfrac{z-d}{L_{MO}} \right)^{2/3} \right)$
Andreas(1988)	$f_T \left(\dfrac{z-d}{L_{MO}} \right) = 4.9 \left(1 - 6.1 \dfrac{z-d}{L_{MO}} \right)^{-2/3}$	$f_T \left(\dfrac{z-d}{L_{MO}} \right) = 4.9 \left(1 + 2.2 \left(\dfrac{z-d}{L_{MO}} \right)^{2/3} \right)$
Thiermann 和 Grassl(1992)	$f_T \left(\dfrac{z-d}{L_{MO}} \right) = 6.23 \left[\dfrac{1 - 7 \dfrac{z-d}{L_{MO}} +}{75 \left(1 - 7 \dfrac{z-d}{L_{MO}} \right)^2} \right]^{-1/3}$	$f_T \left(\dfrac{z-d}{L_{MO}} \right) = 6.23 \left[\dfrac{1 + 7 \dfrac{z-d}{L_{MO}} +}{20 \left(1 - 7 \dfrac{z-d}{L_{MO}} \right)^2} \right]^{1/3}$
De Bruin 等(1993)	$f_T \left(\dfrac{z-d}{L_{MO}} \right) = 4.9 \left(1 - 9 \dfrac{z-d}{L_{MO}} \right)^{-2/3}$	$f_T \left(\dfrac{z-d}{L_{MO}} \right) = 5$

根据空气动力学可知(Panofsky and Dutton, 1984)，摩擦风速 u_* 可由式(2-9)表达。

$$u_* = \frac{ku}{\ln\left(\dfrac{z-d}{z_0}\right) - \phi_m\left(\dfrac{z-d}{L_{MO}}\right) + \phi_m\left(\dfrac{z_0}{L_{MO}}\right)} \tag{2-9}$$

式中，k 为卡曼常数，取 0.4；u 为高度为 z 处的风速；z 为风速观测高度；ϕ_m 为动力学粗糙度修正函数，稳定条件下由式 (2-10) 表示，不稳定条件下由式 (2-11) 表示。

$$\phi_m\left(\frac{z-d}{L_{MO}}\right) = -4.7\frac{z-d}{L_{MO}},\ L > 0 \tag{2-10}$$

$$\phi_m\left(\frac{z-d}{L_{MO}}\right) = 2\ln\left(\frac{1+(1-16x)^{1/4}}{2}\right) + \ln\left(\frac{1+(1-16x)^{1/2}}{2}\right)$$
$$- 2\arctan\left[(1-16x)^{1/4}\right] + \frac{\pi}{2},\ L_{MO} < 0 \tag{2-11}$$

$$x = \frac{z}{L_{MO}} \tag{2-12}$$

上述方程中的变量均为隐函数，不能直接求解，只能根据已知的参数进行迭代求解显热通量 C。

2.1.2　大孔径闪烁仪及辅助仪器的布设

通常情况下，为了避免太阳光直射对仪器造成损伤，大孔径闪烁仪接收端与发射端按南北方位放置，但是受到实际地形条件限制时，在添加保护措施的前提下，东西方位也可行 (徐自为等，2010)。由于地形的限制，鹫峰观测站和八达岭林场五七分场的光径走向均为近似于东西向。为了使得其他观测指标 (风速、温湿度等) 具有良好的空间代表性，根据光径长度在适宜位置需要安装气象观测设施。根据仪器型号的不同，适宜光径长度范围有所区别，本书研究中所用到的 BLS450 型光径长度范围为 500～5000 m，根据光径长度可调节发射功率。光径长度超过 5000 m 则接收端接收到的信号太弱，光径长度小于 500 m 则接收端接收到的信号太强，均不能测出传播过程中的变化。实际试验中的长度是 2050 m 和 591 m。在前一种光径长度条件下，加上地形的复杂多变，在光径发射端，光径中点及接收端均安装了气象站。而在第二种光径条件下，地势平坦，下垫面相对均一，气象站安装在靠近接收端的一端。

当出现强烈湍流或者强散射时，会出现所谓的"饱和"现象，即式 (2-1) 所表达的关系式不再成立，观测结果受到影响，这时需要对异常值进行剔除。空气折射指数结构参数受光学波长、发射端 (接收端) 孔径、测量高度及光径长度影响 (Wang et al.，1978)。因此，除了光径长度，大孔径闪烁仪的测量高度也是影响观测精度的重要指标。所谓测量高度是指光径有效高度，在地势平坦的条件下，有效高度与仪器架设高度接近，可以通用；但在地形起伏较大的条件下，有效高度需要通过权重函数来确定 (白洁等，2010b)。

2.1.3　大孔径闪烁仪数据质量控制

本书研究中所使用的 BLS450 型大孔径闪烁仪输出数据中有诊断文件,内有错误代码,查阅仪器说明书即可得知数据异常的原因。另外,由于天气原因,如降雨、降雪、严重雾霾天气等都会对仪器接收信号造成影响,应结合气象资料对相应时间段内的数据进行剔除(白洁等,2010b)。

鹫峰观测站观测时间段为 2010 年 7 月 1 日至 2012 年 12 月 31 日,观测频率为每分钟 1 组数据,由于 2011 年 10 月下旬至 2012 年 2 月底仪器故障,没有数据,再加上由于降雨、降雪、严重雾霾及停电等因素,仪器记录的有效数据为 954216 组,有效率为 72.5%。八达岭观测站的观测时间段为 2013 年 3 月 15 日至 2013 年 11 月 30 日,但为了与涡度相关仪数据配合,2013 年从 4 月 1 日开始统计,由于夏天暴雨,主机进水,7 月底至 8 月仪器出现了故障,整个观测期内数据有效率为 69.8%。

2.2　涡度相关技术

涡度相关仪能够直接测定水汽通量,观测精度较高,常被用来验证其他蒸散估算方法的精度(Baldocchi,2003;孙晓敏等,2010),但涡度相关法对下垫面的均一性要求高,适用条件有限,大多应用在地势平坦的条件下,而地形起伏大的区域无法应用。

2.2.1　涡度相关仪工作原理

Swinbank(1951)提出用涡度相关技术计算碳水通量,涡度相关技术以物质能量守恒为基础理论,通过垂直风速的瞬时偏离值(w')和平均水汽浓度瞬时偏离值(q')的协方差来计算水汽的垂直通量,见式(2-13)。

$$\text{LE} = \rho C_p \overline{w'q'} \tag{2-13}$$

式中,$\overline{w'q'}$ 为垂直风速的瞬时偏离值与水汽浓度瞬时偏离值的协方差。潜热通量数据需要经过 WPL(Webb-Peaman-Leuning)校正(空气密度校正)(Webb et al.,1980)和坐标转换处理(Massman and Lee,2002),通过三维坐标旋转校正三维风速,从而使得垂直风向风速的平均值为零,水平风速方向与主导方向一致。

2.2.2　涡度相关仪的布设

涡度相关仪以其高精度的观测结果受到众多研究者的青睐,但也因其对观测场地苛刻的要求让许多研究者望而止步。众多学者的研究表明,平坦地形是保证该仪器观测精度的必要前提,下垫面植被可出现异质性(李思恩等,2008)。涡度相关仪测量水热气等的脉动,因此气流的剧烈波动会对测量结果造成误差,在大流量的高速公路周边汽车通行产生的噪声也会对仪器观测结果产生影响,因此仪器安装点不宜与高速公路太近。

本书研究中涡度相关仪安装在八达岭林场部观测站,下垫面地势平坦,但植被类型众多，离高速公路 250 m 左右，通过对不同汽车流量条件下的数据分析表明，公路汽车噪声对测量结果影响微弱。

2.2.3　涡度相关仪数据质量控制

涡度相关仪原始数据采集频率为 10 Hz，后期采用 EddyPro 软件进行处理。处理内容包括：野点剔除，将数值范围明显超过常规值(大部分读数)的记录值剔除，多用方差检验的方式进行(Vickers and Mahrt，1997)，一般取方差的 3～6 倍为标准，大于此标准的数据剔除掉。超声风速探头在测量大气温度时会受到湿度和侧向风的影响，所记录的虚温与空气实际温度存在差异，需要进行转化。仪器在设计时已经对侧向风的影响进行了修正，但湿度的影响却未考虑，因此在后期数据分析中需要对湿度进行修正(Schotanus et al.，1983)。

WPL 校正和坐标转换是涡度相关数据后期处理中非常重要的环节。WPL 校正即由 Webb 等(1980)提出来的一种基于干空气质量守恒定律的修正方法，Liu 等(2001)又对 WPL 进行了改进，两种修正方法精度接近(徐自为，2009)。式(2-12)的前提是在某一段时间内平均垂直风速为零或者接近零，在理想的观测条件下可以满足这样的条件，但当下垫面变得复杂之后就不能满足这个前提，因此需要进行坐标转换，目前常见的旋转方法包括二次坐标旋转法(DR)、三次坐标旋转法(TR)与平面拟合法(PF)。三种旋转方法各有差异，一般采用平面拟合法，其次是二次坐标轴旋转法，三次坐标轴旋转法精度较低(Wilczak et al.，2001；Turnipseed et al.，2003)。

在八达岭站的观测时间段为 2013 年 3 月至 11 月，但由于涡度相关仪故障，2013 年 4 月才开始正常工作，因此涡度相关数据的时间段为 2013 年 4 月至 11 月，数据有效率为 77.5%。

2.3　遥感技术

随着遥感技术和 GIS 技术的发展，人们在蒸散量的遥感研究方面取得了重大成果，使困扰人们多年的区域尺度蒸散量量化计算成为可能。许多前人通过试验建立了一系列蒸发计算模型，尽管在参数的处理方面各有特点，但其基本理论均是能量平衡原理。下面简单介绍本次研究所选取的基于遥感理论的陆表能量平衡系统模型的基本原理。

2.3.1　遥感技术工作原理

植被、土壤和水体表面的水分从液态变为水汽进入大气的过程称为蒸散。蒸散过程在自然界中可分为三种情况：水面蒸发、土壤蒸发和植被蒸腾。发生在下垫面为水面(海洋、湖泊、河流、水库等)上的蒸散称为水面蒸发；发生在裸土地表(无植被覆盖)的蒸散称为土壤蒸发；发生在植被生长区的植被冠层上的蒸散称为散发或植被蒸腾。

从区域水文循环过程的角度分析，蒸散作用是地表水和土壤水向大气水转换的一种逆转过程。地表由蒸散损耗的水分占其降雨量的 70% 左右，而在干旱和半干旱的灌溉区，多年平均蒸散量约为多年平均年降雨量的数倍。因此，蒸散量是地表水量平衡支出项中的一个重要组成部分。从蒸散对生态过程的影响角度分析，蒸散作用直接关系到土壤盐碱化和沙漠化等问题。蒸散的水分损耗导致盐分不断在土壤表面积累，如果降水量较少，则势必造成土壤盐碱化的趋势。从物质转移和能量平衡的角度分析，蒸散现象是能量运输的重要环节。被地表吸收的太阳辐射能，使地面的温度得到提升，同时一部分能量又伴随着水分蒸发返回到大气，从蒸散作用还影响这区域气候的形成。

蒸散的形成及蒸散速率受到很多物理因素的影响，主要表现在以下几个方面。

(1)气象因子的影响：包括辐射、气温、气压、风速、湿度等气象因素。太阳辐射提供了蒸散过程所需的能量；气温、气压、风速、湿度在水汽由地表向大气扩散的过程也起一定的影响作用。

(2)地表含水率：包括土壤含水率和植被冠层含水率，地表的水分是蒸散过程中水汽的来源，是发生蒸散作用的必要条件。

(3)植被的生理特性：土壤中的水分经植物根系吸收，由根部运至植物叶面，最后由叶面经蒸腾作用向大气散失。蒸散作用的强度和植物叶面指数有着密切的关系。不同种类的植物，叶面指数也不同，蒸散强度也不同。同一种类的植物的不同生长阶段，叶面指数也不同。

(4)地表结构及粗糙度：地表结构与地形类型对蒸散强度也有影响。地表下垫面的特性不同，对蒸散作用的影响因子也不同。水面蒸发主要受气象因素的影响。无植被覆盖的裸土蒸发主要受气象和地表含水率因素的影响。有植被覆盖的地表蒸发主要受气象、地表含水率和植被特性因素的影响。研究蒸散影响因素的目的在于分析蒸散的形成过程和规律，有助于改进估算蒸散量的方法，从而提高在不同条件下蒸散量的估算精度。

目前大多数遥感卫星基于被动式的遥感技术，即通过采集地表反射的太阳辐射能量与地表自身的辐射能量，从而获取地表信息。基于遥感技术估算地表蒸散量的方法，通过定量计算太阳辐射与地球辐射，从地表能量传输的角度估算蒸散量。

在地球表层，存在着多种形式的能量交换过程，包括分子辐射、热传导、对流、湍流、平流，以及由于水的相态变化引起的热量交换形式。各种热量交换的基础来源于太阳净辐射，被地表吸收的太阳辐射主要用于大气升温、水分蒸发(凝结)、土壤(或其他下垫面)升温，另外还有一部分能量被植物的光合作用所吸收，以及向生物能的转换，而这部分能量通常所占比例较小，常常被忽略不计。下面将对表面能量平衡系统量化蒸散量的原理进行理论介绍。

华裔荷兰专家 Bob Su(苏中波)先生结合卫星遥感资料和地面观测资料，提出陆表能量平衡系统，于 2000 年对该模型估算地表蒸散量的方法做出了详细的介绍。陆表能量平衡系统模型基于陆表能量平衡原理，适合范围广，估算尺度大，已多次在欧亚地区成功进行模拟估算。在干旱区使用该模型估算蒸散量，可突出干旱区水分和温度分布的极大差异，反映绿洲和荒漠地表参数的差异，近年来，在估算干旱、半干旱农田区的蒸散量研究方面应用极为广泛。

陆表能量平衡系统基于地表总输入能量等于总输出能量的原理，地表能量平衡公式为

$$R_n = G + H + \lambda E \tag{2-14}$$

式中，R_n 为地表净辐射量，W/m^2，与太阳总辐射有关，并随着下行辐射和上行辐射的大

小而变化。在瞬时值方面,当太阳总辐射量增大时,地表净辐射量也会随之增大;反之,则地表净辐射量减小。G 为土壤热通量密度,W/m^2,与净辐射通量有一定的关系,并与 NDVI、地表反照率有关,当净辐射通量增大时,土壤热通量密度也相应增大;反之,土壤热通量密度则相应减小。H 为湍流感热通量,W/m^2,与大气状态有关,是特定高度处的风速、温度、空气流动特性这些变量的函数,当大气状态稳定时,湍流感热通量较大;当大气状态不稳定时,湍流感热通量较小。λE 为湍流潜热通量,W/m^2,其中 λ 是水的汽化热,即一定体积的水通过蒸散从液态变为气态所需要吸收的能量,E 为水的蒸散通量。图 2-1 表示基于陆表能量平衡原理估算日蒸散量的总体思路。

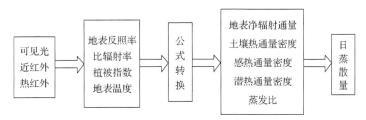

图 2-1 基于陆表能量平衡原理估算日蒸散量的总体思路

2.3.2 遥感估算方法应用

对于区域及更大尺度的蒸散研究多采用遥感反演估算方法,常见的遥感反演估算方法可分为三类:统计经验法、能量平衡余项法和数值模型法(邓芳萍等,2008)。三类模型各有所长,在现阶段仍被广泛使用,但均以能量平衡方程为基础理论,见式(2-15)。

$$R_n = LE + H + G \tag{2-15}$$

式中,R_n 为地表净辐射通量;H 为湍流感热通量;G 为土壤热通量。

将地面植被指数(一般采用 NDVI)、地表温度或温差与地面观测的蒸散进行回归统计,建立经验模型,便是估算地表蒸散的经验统计法(Price,1990),经典的经验统计法如基于植被指数-地表温度的三角估算法(Brunsell et al.,2008)。能量平衡余项法分别计算式(2-15)中的各项分量指标(R_n、H 和 G),然后得到蒸散,分为单源模型、双源模型和多源模型(Norman et al.,1995)。数值模型主要是指基于土壤-植被-大气系统开展的水热传输过程的模拟工作(Franks et al.,1997)。本书中采用经典的 SEBAL 模型估算下垫面蒸散(Bastiaanssen et al.,1998a,1998b)。

Bastiaanssen 等(1995,1998a,1998b)提出基于遥感影像的可见光、近红外、热红外数据,以及少量的地面气象观测数据遥感反演算法 SEBAL,该方法在提出初期应用中,在不同耕作制度和灌溉条件地区应用效果较好,但地表类型单一的地区(如沙漠地区)则应用效果较差。Tasumi 等(2005)、Allen 等(2007)对 SEBAL 进行了改进,引入地面高程模型(DEM)和土壤水分平衡模式(soil water balance),改进后的模型在山区及湿润地区应用效果较好。

由式(2-15)可知,SEBAL 求解包含 R_n、H 和 G 三部分,其中 R_n 和 G 的计算原理及方法见式(1-4)。

　　H 是 SEBAL 模型中最关键的一项，是流体在空气中对流时不改变相变的情况下传输的能量，其本质是地表和空气之间的温度梯度，H 由式(2-16)定义。

$$H = \frac{\rho C_p \mathrm{d}T}{r_{\mathrm{ah}}}$$

(2-16)

式中，r_{ah} 为空气动力学阻抗；$\mathrm{d}T$ 为零平面位移以上高度 z_1 到 z_2 处的温度梯度(图 2-2)。

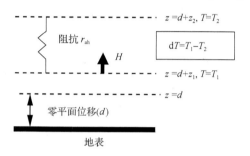

图 2-2　显热通量传输示意图(陈玲，2007)

　　大气状态可分为 3 种：稳定状态、中性状态和不稳定状态。不同状态下空气的动力学阻抗 r_{ah} 计算方法具有差异，采用大气稳定度修正因子来表征不同的大气状态。

$$r_{\mathrm{ah}} = \frac{1}{k u_*}\left[\ln\left(\frac{z_2}{z_1}\right) - \psi_h\left(\frac{z_2}{L_{\mathrm{MO}}}\right)\right] + \psi_h\left(\frac{z_1}{L_{\mathrm{MO}}}\right)$$

(2-17)

式中，u_* 的计算见式(2-9)；ψ_h 为热力学传输稳定度修正函数，

$$\psi_h = 2\ln\left[\frac{1+(1-16x)^{1/2}}{2}\right], \ L_{\mathrm{MO}} < 0$$

(2-18)

$$\psi_h = -5x, \ L_{\mathrm{MO}} > 0$$

(2-19)

式中，x 由式(2-11)计算。在遥感影像中选定极端[干(hot)、湿(cold)]象元，以地表温度与参考高度处气温的线性关系作为边界条件，引入 Monin-Obukhov 相似理论通过迭代方法就可以求得稳定空气动力学阻抗下的 H，具体计算过程见刘朝顺(2008)的研究论文。

2.4　稳定同位素技术

2.4.1　稳定同位素的定义及表达

1. 稳定同位素

　　原子由质子、中子和电子组成。同位素是具有相同质子数、不同中子数的同一元素

的不同核素。根据同位素中中子的稳定程度，将同位素分为放射性同位素和稳定同位素。自发放射出粒子并衰变成另一种同位素的称为放射性同位素，不发生或者不易发生放射性衰变的称为稳定同位素。

稳定同位素之间没有明显的化学性质的差别，但稳定同位素在物理性质(如在气相中的传导率、分子键能、生化合成等)方面因为质量上的微小差异往往造成微小的不同，进而导致物质在反应前后同位素组成上存在较为明显的差异。

自然界中，几乎所有的元素都有其同位素，但在生态学研究领域中最常用的是在自然条件下产生的 C、H、O、N、S 等元素的同位素，这些元素常被称为环境同位素。

2. 稳定同位素的表达

自然界中的水分子存在 $H_2^{16}O$、$H_2^{17}O$、$H_2^{18}O$、$HD^{16}O$、$HD^{17}O$、$HD^{18}O$、$D_2^{16}O$、$D_2^{17}O$、$D_2^{18}O$ 9 种稳定的形式，其中，$H_2^{16}O$、$HD^{16}O$ 和 $H_2^{18}O$ 是自然界中最主要的存在形式，在陆地水循环系统中，大约有 0.2% 的氧元素是 ^{18}O，0.015% 的氢元素是 D。

在稳定同位素研究中，关注更多的是物质同位素组成的微小变化，而非绝对值的大小，因此在实际应用中，为了便于比较，采用同位素比值(δ)来表示同位素组成(McKinney 等，1950)，定义为

$$\delta = \left(\frac{R_{样品}}{R_{标准}} - 1\right) \times 1000\text{‰}\tag{2-20}$$

式中，$R_{样品}$ 是样品中水 $^{18}O/^{16}O$ 或者 D/H 的摩尔比；$R_{标准}$ 是标准物质的 $^{18}O/^{16}O$ 或者 D/H 的摩尔比。目前通常采用维也纳(Vienna)标准平均海水(V-SMOW)，其 $^{18}O/^{16}O$ 为 0.0020052，D/H 为 0.00015576，以 δ 形式表示的同位素比值的单位是千分之一(‰)。

式(2-20)表示了样品中两种同位素比值相对于某一个标准物对应同位素比值的相对千分差，当 δ 大于 0 时，表示样品中重同位素比标准物富集，当 δ 小于 0 时，表明样品中重同位素相对标准物贫化。通过对 δ 值大小的判断，可以清晰地反映物质同位素组成的变化。实际应用中，δ 就是物质同位素组成的代名词。

2.4.2　稳定同位素分馏

由于同位素之间在物理、化学性质上存在差异，导致反应前后在物质的同位素组成上有较明显差异，这种现象被称为同位素效应(isotope effect)。同位素效应会引起同位素在扩散速率、化学反应速率等方面的差异，在同位素交换反应(平衡分馏效应)、生化反应或者扩散作用(动力分馏效应)的过程中(Farquhar and Lloyd，1993；Gat，1996)会发生两种物质或者同一物质两种物相之间的同位素分配，即同位素分馏(isotope fractionation)(郑永飞和陈江峰，2000)。不同同位素由于质量上的差异，导致了其在参与物理与化学反应中存在一定的差异，并且这种差异会随着相对质量差异的增大而增大(Hoefs，2002；陈世萍等，2002)。同位素效应的大小通常用同位素分馏系数来表示，定义为

$$\alpha = \frac{R_A}{R_B} \tag{2-21}$$

相对于 ^{18}O 和 D，R_A 和 R_B 分别为不同物质或者同种物质不同物相中的 $^{18}O/^{16}O$ 或者 D/H 的同位素比值。

另外，对于同位素分馏系数，也可以用同位素判别 Δ(‰) 来表示：

$$\Delta(‰) = (\alpha - 1) \times 1000 = \left(\frac{R_A}{R_B} - 1\right) \times 1000 = \frac{\delta_A - \delta_B}{1 + \frac{\delta_B}{1000}} \tag{2-22}$$

有时为了表达简便，还可以用同位素富集因子 ε(‰) 来表示同位素分馏系数：

$$\varepsilon(‰) = (\alpha^+ - 1) \times 1000 \tag{2-23}$$

式中，$\alpha^+ > 1$，因此 ε 为正值。

2.4.3　稳定同位素在生态系统蒸散中的应用

地表蒸散发生在土壤-植被-大气复杂连续体内，是北京山区侧柏森林生态系统内水分耗散的主要形式，它贯穿于植被生长的全过程(康绍忠等，1994)。森林蒸散发由林冠截留降雨、植物蒸腾水汽及土壤表面的蒸发水汽组成(Tsujimura and Tanaka，1998；Kubota and Tsuboyama，2004)，在森林水分循环及能量平衡过程中，我们无法忽略土壤蒸发(Hattori，1983)。目前，生态系统的蒸散可以通过涡度相关技术直接测定，可以通过该技术确定所研究生态系统的蒸散强度，但是涡度相关技术不能为理解和预测生态系统蒸散过程提供足够的信息，生态系统蒸散的变化主要由土壤蒸发和植物蒸腾的相对变化决定，但是土壤蒸发及植物蒸腾二者受环境影响的方式和程度不同，直接影响了土壤蒸发和植物蒸腾的变化。蒸渗仪法、能量平衡测定法及涡度相关法是目前广泛应用的测定地表土壤蒸发的方法，但是利用蒸渗仪法往往会过高地估计土壤蒸发在总蒸散发的比例，而利用涡度等方法测量森林土壤蒸发则存在较大的困难(Tajchman et al.，1972；Hattori et al.，1992；Wilson et al.，2002；Mo et al.，2004)，相对于上述三种方法，稳定同位素技术为研究生态系统水分蒸发和凝结过程提供了较为有效的手段。

1. 土壤蒸发过程中 ^{18}O 的分馏

氢氧稳定同位素作为一种天然的示踪剂，其应用对更好地理解土壤水分运移及土壤蒸发提供了有用的信息(Hobson and Wasenaar，1999；王永森等，2009；杨斌等，2012)。土壤蒸发是陆地生态系统中土壤水与大气水进行水汽交换的重要方式，土壤蒸发在森林生态系统水分平衡及生态系统水循环中占有重要的地位(Huxman et al.，2005；Gat，1996；Torres and Calera，2010)，目前，区分植物蒸腾作用和土壤蒸发主要是利用大尺度土壤蒸渗仪(测定蒸散)、小型蒸渗仪(测定土壤蒸发)相结合的技术(Gochis and Cuenca，2000；Wilson et al.，2002；孙宏勇等，2011)，气孔-蒸腾尺度扩展技术(Cermak and Nadezhdina，

1998)、模型模拟技术等传统的方法可进行直接或者间接估算。可以直接测定生态系统蒸散的标准方法是利用涡度相关技术进行测定，但是涡度相关技术在对蒸散组分拆分方面不能提供更有效的方法，这对进一步理解和预测华北土石山区森林系统水分利用效率及水量平衡等方面造成不便(Gochis and Cuenca，2000)。

土壤水是植物重要的水分来源，土壤由于其本身的性质，如孔隙度、土壤深度等，导致了不同层次土壤中土壤水的氢氧稳定同位素存在差异，表层土壤中的水分更容易接近空气，因而相对于深层土壤，表层土壤拥有更大强度的蒸发趋势，进而更容易产生同位素分馏，造成了在土壤剖面中不同深度的土壤水氢氧稳定同位素组成差异显著，直至较深层次时，土壤水氢氧稳定同位素才相对稳定(马雪宁等，2012)，越是氢氧稳定同位素差异显著的土壤水分来源，越有利于更好地定量区分植物对各种不同水分来源的依赖程度(Schwinning et al.，2002)，这也是利用稳定同位素原理定量区分植物不同水分来源的理论基础(Burgess et al.，2000)。

在土壤蒸发过程中，由于水分稳定同位素分馏效应的存在，轻的稳定同位素分子相对于较重的稳定同位素分子拥有更快的蒸发和扩散速率，这导致随着蒸发过程的进行，土壤水中 $H_2^{18}O$ 会出现明显的梯度变化，土壤蒸发导致土壤水 $\delta^{18}O$ 逐渐富集，导致表层土壤水 $\delta^{18}O$ 较其他层次土壤水富集(Barnes and Allison，1988)，并且土壤蒸发水汽中 $H_2^{18}O$ 的含量低于土壤液态水中 $H_2^{18}O$(Gat，1996；Zhang et al.，2010)，这导致在土壤蒸发过程中，土壤蒸发水汽 ^{18}O 严重贫化。研究表明，在土壤蒸发过程中，土壤蒸发水汽 $\delta^{18}O$ 受到多种因素影响(Wang and Yakir，2000)，如土壤水蒸发前缘液态水 $\delta^{18}O$，蒸发时刻大气水汽 $\delta^{18}O$，以及相对湿度、平衡和动力学分馏系数、土壤温度等(Craig and Gordon，1965；Gat，1996)。同时，外界的水分输入，如降雨、灌溉等，可以在短时间内显著地改变土壤水 $\delta^{18}O$ 和土壤蒸发条件，并且显著影响土壤蒸发水汽 $\delta^{18}O$(Lee et al.，2005)。目前，国内外关于土壤蒸发与土壤水分中 $\delta^{18}O$ 的研究也越来越多(李晖和周宏飞，2006；Buttle and Sami，1990；Braud et al.，2005；刘文杰等，2006)，根据理论及实际的测定，土壤中水分尤其是表层土壤水中 $\delta^{18}O$ 富集的主要原因是土壤水不断蒸发，但对于各层土壤水 $\delta^{18}O$ 的富集来说，并非仅仅由土壤蒸发这一单因素引起，蒸发强度及降雨输入等均能够导致土壤中水分 $\delta^{18}O$ 的变化，研究表明，随着土壤深度的增加，蒸发作用的强度会呈现指数下降的趋势，高相对湿度地区和时期，地表蒸发作用很弱(王涛等，2008；Marc et al.，2001)。

2. 植物蒸腾过程中 ^{18}O 的分馏

植物中 H、O 元素的主要来源是水，在植物所能利用的水分中，大气降水、土壤水、径流和地下水是其主要来源(孙双峰等，2005)。同时，土壤水、径流及地下水最初来自大气降水，由于土壤水分输入存在明显的季节变化，表层土壤水蒸发或土壤中水分和地下水之间的同位素组成上的差异造成了土壤水分存在较为明显的同位素组成梯度(Maguas and Griffiths，2003)，造成不同来源水分同位素差异的一个重要原因就是同位素分馏，造成同位素分馏的原因主要有蒸发、降落、渗透等物化过程(Hobson and Wasenaar，1999；王永森等，2009)。与自然界中物化过程导致的同位素分馏不同的是，除了少数盐生植物外(Ellsworth and Williams，2007)，一般来说，由于水分在植物体内的运输过程中并未发生气化(White et al.，1985)，植物根系吸收水分后，在其木质部在水分运输过程中不发生同位素分馏效应(Gonfiantini et al.，1965)，即根和植物木质部内水的同位素组成与土壤中可供植物吸收的水的同位素组成相近。同时，研究发现，相对于草本植物，木本植物更加依赖深层次土壤水甚至地下水来满足自身的蒸腾需要(Williams and Ehleringer，2000)。

尽管水分从植物根系向枝干运输过程中以及到达叶片或者到达植物未栓化枝条前不发生同位素分馏，但当水分通过植物蒸腾作用从叶片表面及气孔散失的过程中，蒸腾作用会造成叶片水显著富集，导致叶片水 ^{18}O 富集(Saurer et al.，1998；Saurer et al.，1998)，同时，光合作用也可以导致同位素分馏(White，1988；Ehleringer and Dawson，1992)，叶片光合作用过程中，羧基氧与 H_2O 分子中的氧原子发生交换，在这个过程中，氧原子的交换比率决定了植物纤维素中 O 同位素的组成情况，生物体不同的代谢方式也可以引起合成碳水化合物 ^{18}O 和 D 组成的差异(Sternberg，1989)。

植物蒸腾水汽 δ_T (‰)，在稳态下相当于植物枝条水的同位素组成；在非稳态下，通过 Craig-Gorden 公式来进行模拟(Flanagan et al.，1993；Yakir and Sternberg，2000；Farquhar and Cernusak，2005)：

$$\delta_T = \frac{\dfrac{\delta_{l,e}}{\alpha^+} - h\delta_{v,c} - \varepsilon_{eq} - (1-h)\varepsilon_k}{(1-h) + (1-h)\varepsilon_k / 1000} \qquad (2\text{-}24)$$

式中，δ_T 为植物蒸腾水汽同位素组成；$\delta_{v,c}$ 为距离地面 11 m 高度处的大气水汽同位素组成；h 为相对湿度；$\delta_{l,e}$ 为叶片蒸发位点处的水汽同位素特征，不能直接测量，但是能够根据体积叶片水分同位素组成($\delta_{l,b}$)来进行计算。

目前关于植物蒸腾水汽同位素组成更多的是建立在假设植物处于同位素稳定状态下进行推算的，即认为植物蒸腾水汽同位素组成与植物枝条水同位素组成一致。叶片尺度和冠层尺度的研究表明(Harwood et al.，1998)，稳定状态假设只是一个近似值，在早晨植物蒸腾水汽 $\delta^{18}O$ 比植物枝条水 $\delta^{18}O$ 低，而在下午时刻，植物蒸腾水汽 $\delta^{18}O$ 比植物枝条水 $\delta^{18}O$ 高，因此 Harwood 等(1998)建议直接测量蒸腾水汽同位素组成以减小稳定状态假设带来的误差。

3. 利用稳定同位素技术区分植物蒸腾和土壤蒸发

植物稳定同位素记录了植物生长期间大量的环境信息，研究植物稳定同位素可以加强对植物生长环境的温度、湿度、降雨量、源水同位素组成、大气水汽等信息的了解。稳定同位素贯穿于生态系统复杂的生物、化学过程，利用稳定同位素技术可以在不同的时间、空间尺度上反映环境因子等变化对于森林生态过程的影响，20 世纪 80 年代以来，稳定同位素技术成为生态学领域研究的一项重要手段(严昌荣等，1998；Ehleringer et al.，2002；曹燕丽等，2002；Hasselquist and Allen，2009)。随着这项技术的不断发展，如今大量的研究正在试图利用稳定氢氧同位素来探讨植物与环境要素间的相互作用和影响（段德玉，2007）。由于同位素效应的存在，氧同位素已成为土壤、植被、大气乃至海洋等不同形式之间水分运动的最佳示踪剂，成为涉及大气科学、水文学和生态学等多学科的重要研究工具（Craig, 1961；Flanagan et al., 1993；Aragusa et al., 2000；Yakir and Sternberg, 2000；Barbour，2007；Farquhar and Gan, 2003）。其中，大气水汽的同位素组成信息及大气水汽水分通量原位观测的实现为研究森林生态系统中植物与水的相互关系提供了关键的技术突破（Lee et al., 2005；Wen et al., 2008），同时，高时间分辨率、连续的大气水汽 $\delta^{18}O$ 和大气水分通量观测为森林生态系统水循环和其相关的大气过程尤其是涉及相变过程的科学研究提供了重要信息。

在森林生态系统土壤-植被-大气系统水汽交换的过程中，水分在土壤蒸发和植物蒸腾过程中均会发生水汽由液态到气态的相变过程，土壤蒸发过程中产生的水汽同位素组成相对于土壤水同位素组成发生贫化，植物蒸腾则导致了在蒸腾过程中植物叶片水发生富集，当植物处于蒸腾较强烈、蒸腾处于同位素稳态时，植物蒸腾水汽同位素组成接近于植物木质部水同位素组成，根据这一原理，我们可以得到同位素稳态或者植物处于强烈蒸腾状态下植物蒸腾水汽同位素组成，由于植物木质部水同位素组成代表植物根系从不同深度的土壤水同位素组成的混合体（Flanagan et al., 1993；Wang and Yakir, 2000），同时高度分馏的土壤蒸发水汽同位素组成与土壤水同位素组成间存在显著差异，这是利用稳定同位素技术对生态系统蒸散进行区分的理论基础（Yepez et al., 2003；Williams et al., 2004）。目前，利用稳定同位素技术已在农田生态系统、灌木生态系统和稀树草原生态系统中的蒸散组分进行了定量的区分（Brunel et al., 1992；Xu et al., 2008；郑秋红和王兵，2009；袁国富等，2010），表明稳定同位素技术在定量区分生态系统土壤蒸发与植物蒸腾研究中可行，但对森林生态系统蒸散组分区分的研究较少。

通过建立大气水汽同位素通量的质量守恒方程，利用二元线性模型可以确定在生态系统中土壤蒸发水汽 δ_E 与植物蒸腾水汽 δ_T 二者对生态系统的贡献。生态系统蒸散 F_{ET} 由土壤蒸发水汽 F_E 和植物蒸腾水汽 F_T 组成（Yakir and Sternberg, 2000；Lai et al., 2006），即

$$F_{ET} = F_E + F_T \tag{2-25}$$

根据同位素质量守恒原理，如果获得生态系统蒸散水汽 δ_{ET}、土壤蒸发水汽 δ_E 和植物蒸腾水汽 δ_T，则有

$$\delta_{ET} F_{ET} = \delta_E F_E + \delta_T F_T \tag{2-26}$$

结合上述两个方程，便可以确定土壤蒸发和植物蒸腾各自对生态系统蒸散量的贡献。

$$F_E = \frac{\delta_T - \delta_{ET}}{\delta_T - \delta_E} F_{ET} \tag{2-27}$$

$$F_T = \frac{\delta_{ET} - \delta_E}{\delta_T - \delta_E} F_{ET} \tag{2-28}$$

根据上述公式，在确定土壤蒸发和植物蒸腾各自对生态系统蒸散通量的贡献上，进一步简化为求取土壤蒸发水汽 δ_E、植物蒸腾水汽 δ_T 和系统蒸散水汽 δ_{ET}。

利用 $\delta^{18}O$ 区分森林生态系统中土壤蒸发和植物蒸腾这一问题的核心就是如何利用 $\delta^{18}O$ 准确确定生态系统蒸散水汽 δ_{ET}、土壤蒸发水汽 δ_E 及植物蒸腾水汽 δ_T，通过三者间的关系与量化数值区分生态系统蒸散中土壤蒸发与植物蒸腾贡献的比例。目前，已经有大量的研究利用 $\delta^{18}O$ 技术实现了生态系统土壤蒸发和植物蒸腾的区分。Yakir 和 Wang(1996)、Moreira 等(1997)分别在麦田、亚马孙森林及欧洲橡树林利用高度梯度上的稳定同位素组成与水蒸气浓度倒数来确定蒸腾和蒸发对蒸散的贡献，结果表明，地区蒸散大部分来自植物蒸腾，在亚马孙森林中，植物蒸腾占据整个蒸散通量的贡献为 76%～100%，Wang 和 Yakir(1995)在麦田系统的研究中，发现 96%～99%的蒸散来自植物蒸腾，Yepez 等(2003)利用 Keeling 曲线法研究了半干旱地区稀树草原林地的林冠蒸发、林下冠层蒸发及地表蒸散。结果表明，该地区 60%的生态系统蒸散来自木本植物的蒸腾，22%的系统蒸散来自草本蒸腾，剩余的 18%来自土壤蒸发。尽管利用 Keeling Plot 曲线法时需要满足的假设在现实观测中往往不能完全满足，但是 Gat(1996)、Wang 和 Yakir(2000)认为由此导致的同位素组成变异对于区分系统蒸散通量影响较小。

通常情况下，δ_T 和 δ_E 之间会有明显的差异，但是当土壤变得干燥时，土壤表层水 $\delta^{18}O$ 更容易富集，这会导致土壤蒸发水汽 δ_E 逐渐升高，进而导致土壤蒸发水汽 δ_T 和植物蒸腾水汽 δ_E 之间的差异逐渐减小，但即使这样，也只有当土壤变得非常干燥并且近似达到平衡状态时，才会对土壤蒸发 δ_E 和植物蒸腾 δ_T 比例的估计造成显著的影响(Wang and Yakir，2000)，生态系统中蒸散的混合来源(土壤蒸发和植物蒸腾)及混合物(生态系统蒸散)$\delta^{18}O$ 的总体变异是较为固定的，因此只能通过增大样本数量来减小结果的误差，即通过较多的观测数据来实现较为精确的森林生态系统蒸散区分(Phillips and Gregg，2001)，通过加大样本的观测密度，获得相对较高时间分辨率的 δ_E、δ_T 和 δ_{ET} 数据，这对于降低利用公式估算生态系统土壤蒸发和植物蒸腾混合比例不确定性是目前的一种有效手段。

2.4.4　稳定同位素技术的应用

1. 植物、土壤与降雨样品采集、测定与计算

1) 植物样品采集

植物枝条水 $\delta^{18}O$ 代表了植物所能利用水源 $\delta^{18}O$ 的特征，直接影响蒸腾作用释放的水汽 $\delta^{18}O$。对研究区植物样品进行采集，采集频率为每月采样三四次。每次均在晴天下进行，从侧柏地内选择人为干扰小的区域，采集样地内侧柏、荆条、孩儿拳头、构树枝条样品(此 4 种灌木为侧柏研究样地内全部灌木)，样品选取植物成熟的枝条，避免采集破损、新生及过度老化的枝条，采集后迅速将枝条外皮剥去，仅保留木质部，放入 50 mL 离心管中，迅速拧紧瓶口并用 Parafilm 膜将瓶口密封，及时放入冰箱冷冻保存。所有植物样品重复两次。

2) 土壤样品采集

土壤水是植物所能利用的最重要的水源，是 SPAC 系统中水循环的重要组成部分，

土壤水 $\delta^{18}O$ 直接影响着植物组织(叶片、枝条等)、植物蒸腾水汽、土壤蒸发水汽 $\delta^{18}O$ 的特征。在研究区，土壤样品采集结合植物样品采集同时进行，采集频率为每月三四次，每次均在晴天下进行。在采集植物样品的同时，使用土钻在侧柏样地内进行土壤样品采集，根据计算土壤蒸发水汽同位素 δ_E 采用的 Craig-Gordon 模型中参数的需要，本实验中仅对研究样地内表层土壤进行取样，分层(0～5 cm、5～10 cm、10～20 cm)取样，土壤样品采集后，将样品迅速装入 50 mL 塑料试管中，同时为了避免土壤样品水分散失，立即用 Parafilm 膜密封试管，采集完样品后及时放入冰箱冷藏保存。所有土壤样品重复两次。

3) 降雨样品采集

降雨是 SPAC 系统中水分的重要输入形式。在林外气象站的空旷处随机布设两处自制降雨采集装置，每次降雨后，及时收集降雨雨水样品，将水样放入 50 mL 塑料试管并用 Parafilm 膜密封试管，及时放入冰箱冷冻保存。所有降雨样品重复两次。

4) 加强采样观测

为探讨日尺度上北京山区侧柏林分 SPAC 系统内水 $\delta^{18}O$ 变异特征与控制机制，对研究区植物、土壤进行加强采样，每天进行 6 次加强采样，分别在 08:00、10:00、12:00、14:00、16:00、18:00 采集土壤(0～5 cm、5～10 cm、10～20 cm)、植物枝条(侧柏、荆条、孩儿拳头、构树)样品。采样方法与前述方法中关于土壤、植物的采样方法相同。

5) 样品 $\delta^{18}O$ 测定

对土壤水、植物枝条木质部水及大气降水 $\delta^{18}O$ 测量之前需要通过植物土壤水分真空抽提系统(LI-2000，北京理加联合科技有限公司)，将所采集样品(植物、土壤)中的水分抽提出来，抽提过程较为费时，同时为了保证抽提效率，需要注意以下几点。

(1)样品预处理。本书研究中对所处理的植物枝条样品，在抽提前将其剪成小段，以保证枝条样品水分被完全抽提；土壤样品则需进行预处理，将土壤中的石砾等杂质处理掉。无论是植物还是土壤样品，预处理应准确、快速，以避免样品水分散失。

(2)一般情况下，植物样品的抽提时间为 60～90 min，土壤样品的抽提时间为 45～60 min。采用植物土壤水分真空抽提系统进行水分抽提(图 2-3)。

图 2-3　植物土壤水分真空抽提系统

（3）单个样品量过少，会导致抽提样品中水分过少，影响后续实验进行，但单个样品量过大，则会导致抽提样品中水分过多，会增加抽提所需时间、增大劳动强度，同时，过大的样品采集量会对采集样地破坏加大，根据研究经验，为了样品采集量能够保证后续实验，且拥有较高的实验效率，一般单个样品抽提出水分 1～2 g 为宜。

对抽提出的植物、土壤水样及降雨样品，冷冻保存。处理时应解冻至室温，正式测定前使用 10 mL 的一次性注射器吸取植物、土壤、降雨水样，通过 0.22 μm 有机系滤膜过滤水样中可能存在的有机物质和其他杂质，经过过滤后应至少保留 0.5 mL 的水样。水样 $\delta^{18}O$ 同位素比值利用 LGR 液态水同位素分析仪（美国 Los Gatos Research 公司，型号 DLT-100，图 2-4）测定（机器正式工作前 6 h 需要提前开机预热），这里采用的测定方法为：每隔 3 个待测样品中插入一组标准样品（两个校正标样和一个控制标样），每个待测样品测定 6 次，每天测定样品数为 30～60 个。测得水样中氢氧同位素含量是以相对于 VSMOW 的千分率（‰）表示，其中 $\delta^{18}O$ 的测定精度为 0.17‰。

$$\delta X = \left(\frac{R_{样品}}{R_{标准}} - 1 \right) \times 1000 \qquad (2\text{-}29)$$

式中，δX 为 $\delta^{18}O$；$R_{样品}$ 和 $R_{标准}$ 分别为样品和国际通用标准物的 $^{18}O/^{16}O$。

图 2-4　LGR 液态水同位素分析仪

2. 植物蒸腾水汽 δ_T、土壤蒸发水汽 δ_E、蒸散水汽 δ_{ET} 同位素组成计算

1）植物蒸腾水汽 δ_T

降雨、土壤水、径流和地下水是植物所能利用的主要水分来源，不同来源的水分中具有不同的 $\delta^{18}O$ 特征，随着时间的推移，不同季节植物利用不同库中水分，根据同位素质量守恒可知，在长时间尺度上，植物叶片蒸腾水汽 $\delta^{18}O$ 与植物根系吸收土壤水的同位素组成一致，这就是通常所说的同位素稳态假设。在植物保持较大蒸腾速率时，我们认为这种假设同样成立。依照同位素稳态假设，在符合同位素稳态假设时，我们可以利用植物茎干部分未分馏水 $\delta^{18}O$ 来代替植物蒸腾水汽同位素组成。

虽然植物对不同层次水分的吸收能力有一定差异，但是在植物根系从土壤中吸收水分后，以及水分在植物体内运输到叶片或未栓化枝条之前，我们认为此过程中不发生同位素分馏，故植物木质部具有与其利用水源相同的水分同位素组成。在本研究中，侧柏林内共有侧柏、孩儿拳头、荆条、构树 4 种木本植物，林下几乎无草本植物生长，依据同位素稳态假设，本章利用侧柏林分内 4 种植株未发生同位素分馏效应的枝条水同位素作为研究地植物蒸腾水汽同位素组成，同时，在侧柏林研究区中，植物蒸腾水汽是由该 4 种植物共同影响(孙守家，2015)，生长季中，侧柏植株约占总盖度的 60.2%，孩儿拳头盖度约占总该度的 13.5%，构树约占总盖度的 11.3%，荆条盖度约占总盖度的 15.0%，因此在本森林生态系统中，总的植物蒸腾水汽同位素 δ_{TOTAL} 组成为

$$\delta_{\text{TOTAL}} = 0.602\delta_{\text{CB}} + 0.135\delta_{\text{HEQT}} + 0.113\delta_{\text{GS}} + 0.15\delta_{\text{JT}} \tag{2-30}$$

式中，δ_{CB}、δ_{HEQT}、δ_{GS}、δ_{JT} 分别为侧柏、孩儿拳头、构树、荆条 4 种林内植物蒸腾水汽同为素组成。

在同位素稳态假设情况下，侧柏林分植物蒸腾水汽 δ_{T}=δ_{TOTAL}。

2) 土壤蒸发水汽同位素 δ_E

土壤水中同位素含量因蒸发而富集，对土壤蒸发水汽同位素的计算，目前大多采用 Craig-Gordon 模型进行，具体公式如下(Gat，1996)：

$$\delta_{\text{E}} = \frac{\alpha_{\text{L-V}}\delta_{\text{s}} - h\delta_{\text{v}} - \varepsilon_{\text{L-V}} - \Delta\xi}{(1-h) + \Delta\xi/1000} \approx \frac{\delta_{\text{s}} - h\delta_{\text{v}} - \varepsilon_{\text{L-V}} - \Delta\xi}{1-h} \tag{2-31}$$

式中，δ_E 为土壤蒸发的水汽同位素组成；δ_s 为 0～5 cm 土壤水同位素，‰；h 为地表 5 cm 深度土壤温度对应的相对湿度，%；δ_v 为大气水汽稳定同位素组成，‰；$\alpha_{\text{L-V}}$ 为水汽从液体转化为气态发生相变时候的热力学平衡分馏系数，也可以表达为 $\varepsilon_{\text{L-V}}$；

$$-\ln\alpha_{\text{L-V}} = \frac{1.137\times10^3}{T^3} - \frac{0.4156}{T} - 2.0667\times10^{-3} \tag{2-32}$$

$$\varepsilon_{\text{L-V}} = \left(1-\alpha_{\text{L-V}}\right)\times10^3 \tag{2-33}$$

$\Delta\xi$ 为同位素动力扩散系数。

$$\Delta\xi = \left(1-h\right)\theta\times n\times C_D\times10^3 \tag{2-34}$$

式中，θ 为分子扩散分馏系数与总扩散分馏系数之比，对于蒸发通量不会显著干扰环境湿度的小水体而言，包括土壤蒸发，一般取 1.0，但是对于大的水体，一般取值范围为 0.5～0.8(Gat，1996)；n 为描述分子扩散阻力与分子扩散系数相关性的常数，对于不流动的气层而言(土壤蒸发和叶片蒸腾)，一般取 1.0(Barnes and Allision，1988)；C_D 为描述分子扩散效率的参数，相对于 $H_2^{18}O$ 来说一般取 28.5‰(Gat，1996)。地表 5 cm 深度处的土壤温度对应的相对湿度 h 为一定高度处大气实际水汽压与 5 cm 处土壤温度对应的饱和水汽压之比。

$$E_{\text{o}} = e_{\text{o}}\times\exp\left(\frac{b\times T}{T+c}\right) \tag{2-35}$$

式中，E_o 为饱和水汽压；e_o 为定值，取 0.611 kPa；b 为定值，取 7.63；c 取 241.9℃，T 为地表 5 cm 处土壤温度。

借助 Craig-Gordon 模型，通过样地土壤样品采集及土壤水分同位素分析，获得土壤蒸发前缘(0.05 m 及 0.1 m)液态水 $\delta^{18}O$，结合对应深度的土壤温度、湿度及地表 5 cm 处水汽 $\delta^{18}O$ 等 Craig-Gordon 公式中涉及的参数便可以估算出土壤蒸发 δ_E。值得注意的是，在林内条件下，土壤水 $\delta^{18}O$ 空间异质性较强，因此合理的采样和统计分析方法对于土壤蒸发水汽同位素比值 δ_E 的准确预测显得尤为重要(Liu 等，1995)。

3) 蒸散水汽稳定同位素组成的 Keeling Plot 曲线

由于生态系统的 δ_{ET} 难以直接测定，通常利用 Keeling Plot 曲线方法进行间接估计。Keeling Plot 曲线法在经过不断地完善后，广泛应用在森林、农田、草地等生态系统的研究上，假定不同水汽分子(轻水、重水)具有相同的扩散率，利用水汽浓度与大气水汽同位素数据，结合 Keeling Plot 曲线图来确定侧柏林分蒸散水汽 δ_{ET}。

在 Keeling Plot 曲线法中，假设大气水汽混合比和同位素组成状况反映了大气背景值和局地蒸散的共同影响。利用大气水汽 $\delta^{18}O$ 及大气水汽混合比 w 的数据，根据大气水汽 $\delta^{18}O$ 和 $1/w$ 作图，所得到的直线截距即为生态系统蒸散量 δ_{ET}(Yakir and Sternberg，2000；Yepez et al.，2003；孙伟等，2005)，即

$$\delta_v = \left(\delta_b - \delta_{ET}\right)w_b\left(\frac{1}{w}\right) + \delta_{ET} \qquad (2\text{-}36)$$

式中，δ_v 为侧柏林分边界层大气水汽 $\delta^{18}O$，w_b 和 δ_b 分别为大气水汽的水汽混合比和大气水汽稳定同位素组成。

利用 Keeling Plot 曲线和水汽稳定同位素信息可以有效地分割侧柏蒸散通量。Keeling Plot 曲线的使用前提是在生物学前后的过程中，群落冠层边界层的气体浓度是大气本底浓度与使本底浓度增加部分的气体浓度之和。在冠层尺度，Keeling Plot 曲线的截距表示植被蒸腾与土壤蒸发水汽在空间上的整合，Keeling Plot 曲线法由回归方程外推的截距 δ_{ET} 与现实观测的值有时候相距较远，较小的测定误差也会引起较大的 δ_{ET} 的估计误差，因此为了获得较为准确的 δ_{ET} 的估计值，需要获得准确、连续、大范围的水汽混合比 w 及水汽 $\delta^{18}O$ 数据。Lee 等(2006)提出在利用 Keeling Plot 曲线法确定 δ_{ET} 时应满足以下几个前提：①大气背景水汽混合比和大气水汽 δ_b 在采样观测期间保持恒定；②在生态系统中，引起生态系统边界层水汽混合比和大气水汽同位素 $\delta^{18}O$ 变异的水汽来源只有蒸散；③生态系统蒸散同位素比值 δ_{ET} 在观测期间保持稳定；④在观测期间，水汽从植物冠层散失只通过湍流混合形式，不发生如水汽凝结等其他形式的水汽散失。在满足这些条件下，我们认为 Keeling Plot 曲线法可以有效实现对系统蒸散水汽同位素组成的估算。

3. 侧柏林分大气水汽同位素 $\delta^{18}O$ 原位监测

高时间分辨率和连续的大气水汽 $\delta^{18}O$ 比值和通量数据可以有助于对大气水汽中冷凝、蒸发及水分传输过程中 $\delta^{18}O$ 的变化信息的了解，有助于加深对生态系统中蒸散发拆分、水

汽凝结及水循环等生态水文过程的理解（Dansgaard，1964；Lee et al.，2005；Yamanaka et al.，2007），有助于获得更为准确的系统蒸散水汽同位素组成，为陆地生态系统水循环及其相关的大气过程尤其是涉及水循环中相变过程的科学研究提供更多的科学依据。

1）大气水汽原位连续监测系统的组成

依托首都圈森林生态系统定位观测站，2015 年 4 月在侧柏样地内布设大气水汽 $\delta^{18}O$ 原位监测系统，对北京山区侧柏林分大气水汽 $\delta^{18}O$ 进行长期定位连续观测。大气水汽 $\delta^{18}O$ 原位连续观测系统主要由以下 4 部分组成。

气态水同位素分析仪（water vapor isotope analyzer，WVIA）。LGR 水汽同位素分析仪（图 2-5）可以实现原位高频连续测量大气水汽同位素组成。为实现大气-植被界面层水同位素的高频率测量，以及对在生态系统尺度上理解水汽通量、拟合水汽运动、预测气候变化有着重要意义。

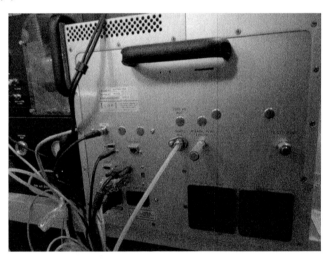

图 2-5　LGR 水汽同位素分析仪

水汽同位素标气发生器（water vapor isotope standard source，WVISS）可以实时产生已知同位素比值（$^2H/^{17}O/^{18}O$）的水汽，且水汽浓度可调。可以通过 LGR 水汽同位素分析仪来控制 WVISS（图 2-6），设定水汽同位素标气发生的间隔时间。实现连续的、自动化的水汽同位素监测，时间可长达数周乃至数月，实现了水汽同位素的长期无人值守测量。

图 2-6　LGR 水汽同位素标气发生器

多路采集器(multiport inlet unit，MIU)。通过自动多路采集器与气态水同位素分析仪结合(图 2-7)，可实现多路气体通道自动切换，这使得连续观测北京山区侧柏林分不同高度水汽浓度、$\delta^{18}O$ 成为可能。

图 2-7　LGR 多路采集器

2) 侧柏林分大气水汽同位素 $\delta^{18}O$ 原位监测

本书是以水汽 $H_2^{18}O$、$HD^{16}O$ 和 $H_2^{16}O$ 气态水同位素分析仪为基础构建的大气水汽 $\delta^{18}O$ 原位连续观测系统作为核心手段，首次实现了北京山区侧柏林分大气水汽 $\delta^{18}O$ 的原位连续观测，在实验过程中，借助于外扩构件，结合侧柏林分内 18 m 高度通量塔(图 2-8)，搭建具有 6 层不同高度的大气水汽观测管路，对侧柏林分内大气水汽 $\delta^{18}O$ 进行原位监测地表 0.05 m、2 m、5 m、8 m、12.5 m、18 m 共计 6 层的水汽浓度(ppm)、$\delta^{18}O$ 原位连续观测，每通道观测 5 min，采样频率 1 Hz，对于采样结果，以相对于国际原子能机构推荐的 V-SNOW 输出，$\delta^{18}O$ 的测量精度 $<\pm 0.2‰$，所采集的数据经过校准并标准化后统一使用。

图 2-8　侧柏林分大气水汽 $\delta^{18}O$ 原位监测

4. 常规要素观测及数据处理

1) 气象要素观测

在距离侧柏样地 300 m 处，建有首都圈森林生态系统定位观测站林外气象站，安装

HOBO-U30 便携式自动观测气象站(美国 Onset，图 2-9)，对样地林外气象因子进行长期连续观测，观测指标有：空气温度 T(℃)、空气湿度 RH(%)、降雨量 P(mm)、太阳辐射 W(W/m²)、光合有效辐射 PAR(W/m²)、风速 V(m/s)、风向、大气压(Mbar)。采集频率为 10 min/次。

图 2-9　标准气象观测场

2) 土壤数据观测

从 2015 年 3 月开始，在研究区侧柏林分内布设土壤长期观测设备(图 2-10)，主要仪器为 EM50 数据采集器及 MPS-6 土壤水势传感器和 ECH₂O-5TE 土壤温度、湿度、电导率传感器传感器。在侧柏林分内选取具有代表性的区域挖取土壤剖面，ECH₂O-5TE 传感器探头埋藏深度为 0~5 cm、5~10 cm、10~20 cm、20~40 cm、40 cm 以下，MPS-6 土壤水势传感器埋藏深度与 ECH2O-5TE 一致，两种传感器采集频率均设置为 10 min/次，每月定期采集数据。

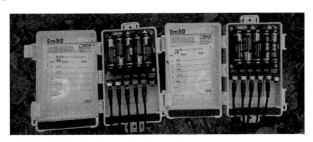

图 2-10　土壤数据观测

第 3 章　平原区生态系统蒸散

异质下垫面可分为植被异质、地形异质(起伏)及地形和植被异质(两者同时变化)。在研究异质下垫面蒸散时,仅植被异质的下垫面蒸散研究相对简单,对这一类下垫面的研究也最多;针对地形变化和地形植被同时变化的蒸散研究相对较少,其蒸散特征相对仅植被异质的情况也复杂得多。本章基于大孔径闪烁仪研究平原区植被非均一下垫面蒸散特征,并用涡度相关仪和 SEBAL 模型进行对比分析,最后分析了蒸散组分特征及蒸散对气象因子的响应。研究区范围为八达岭林场部观测站,面积约为 1 km^2。由于研究区为平坦地面,且范围较小,地表净辐射和土壤热通量直接使用仪器观测值。

3.1　基于 LAS 的下垫面显热通量特征

以能量平衡为基本原理,利用余项法计算蒸散量,平原区下垫面平坦,在小尺度范围内(1 km 以内)地表净辐射空间变异小,计算过程中可以直接利用单点观测值,土壤热通量通过安装的土壤热通量板测定。显热通量是在不发生相变的情况下,通过介质传播的能量,一般介质为水汽。显热通量是地表净辐射的重要支出项,也是能量平衡方程中的重要指标,是所有基于能量平衡原理计算蒸散耗水方法中的关键因子。

3.1.1　显热通量日变化

2013 年 3 月将原来安装于鹫峰国家森林公园的大孔径闪烁仪安装到八达岭林场部观测站进行显热通量观测,并辅助以 HOBO 气象站和涡度相关系统。自 2013 年 3 月中旬开始测量,由于涡度相关仪发生故障,4 月才开始正常工作,后文中所有的数据均从 2013 年 4 月开始。对显热通量典型日、月及年内变化进行分析,见图 3-1～图 3-3。日变化数

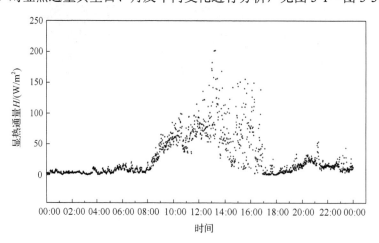

图 3-1　基于 LAS 的 H 典型日变化(5 月 21 日)

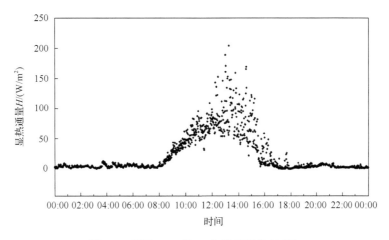

图 3-2　基于 LAS 的 H 典型月变化（5 月）

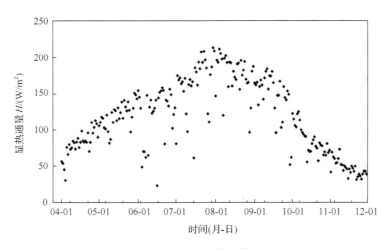

图 3-3　基于 LAS 的 H 季节变化（4～11 月）

据频率为每分钟一个数据，对异常值进行剔除，缺失值及剔除后的异常值利用插值法进行补充，并选择晴天数据进行分析。从图 3-1 可知，9:00～17:00 为显热通量剧烈变化期，0:00～8:00 变化很小，尤其是 0:00～4:00 曲线平稳，近似为直线。最大值出现在 13:00 左右，达到了 201.6 W/m^2，最小值出现在夜间 0:00～4:00 期间，在 3 W/m^2 上下波动。夜间 18:00～0:00 期间也有微弱的波动，21:00 左右达到集中的小高峰，随后逐渐下降。

3.1.2　显热通量季节变化

由于数据量较大，为了清晰地展示出显热通量变化趋势，月变化分析中选择一个月的数据，然后将每一天对应时刻的数据求平均，得到一月中的 24 h 时间尺度内的平均值，见图 3-2。对于异常值和缺失值的处理与日变化中相同，但对于一天中日间数据缺失数据超过 50% 的日数据则直接剔除。与日变化趋势相似，但由于计算平均值时消除了个体差异，波动幅度更小。9:00～16:00 为日间剧烈波动期，0:00～8:00 及 18:00～0:00 为夜间平稳期，与日变化相比，18:00～0:00 的微弱波动被平均值消除。最大值出现在 13:00 左右，为 204 W/m²，最小值与日变化近似，0:00～2:00 期间在 3 W/m² 上下波动。

分析季节尺度显热通量变化规律时，相对月尺度数据量更大，同样为了清晰地展示出变化规律，选择每天(数据正常)日间 12:00～14:00 期间的数据求平均值，对于缺失或异常的数据仍按照日变化和月变化中的处理方法进行补充，季节变化规律见图 3-3。由图可知，显热通量 H 的变化范围在 15～210 W/m² 之间，8 月达到最大值，为 210 W/m² 左右，4～8 月的上升率小于 8～11 月的下降率(绝对值)。显热通量值变化趋势线分布较集中，其原因有两点：一是数据来源于每天 12:00～14:00 的数据，该时段为每日气温最高，相邻日间气象因子差异较小，只有降雨或阴天时，相邻日的气象因子差异才明显；二是在该时段的基础上进行了平均处理，一定程度上消除了极端值的干扰。使用这种方法分析长时间序列的数据时，能够有效消除异常值的影响，能够简单明了地展示季节变化规律。在趋势线以内有约 10%的点明显处于平均值以下，通过与降水季节对比分析可知，这些低值出现的日期前后均有降水事件发生，见图 3-4。

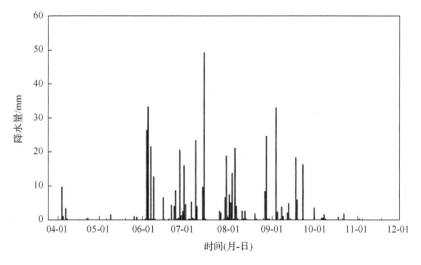

图 3-4 降水量季节变化(4～11 月)

3.1.3 显热通量的精度分析

涡度相关系统是公认用于测定平坦下垫面蒸散特征的有效手段，SEBAL 模型也常用于估算地表蒸散。由于 LAS 估算尺度介于 EC 和 SEBAL 之间，本节选择两种方法来比较基于 LAS 的蒸散量，并有学者做过相关的尝试，研究表明(贾贞贞等，2010；刘雅妮等，2010；张劲松等，2010；Liu et al.，2011)，LAS 与 EC 和 SEBAL 均有较好的吻合度。从图 3-5 可知，三种计算方法具有相同的变化趋势，可分为两个变化阶段：从 4 月开始逐渐上升，8 月达到最大值，随后逐渐降低，11 月最小(研究时段内最小)，将三种方法 6 个阶段内的上升斜率（或下降斜率）、直线方程及 R^2（图 3-6 中所示为基于 EC 方法计算值）统计于表 3-1。由图 3-5 及表 3-1 可知：ET-EC 随季节波动明显，4～6 月缓慢上升，7 月、8 月快速上升，9 月下降明显，10 月、11 月急剧下降至最小值，上升的直线斜率为 29.021，明显小于下降的直线斜率 45.993。ET-LAS 随季节波动也较为明显，但其 8 月的最大值小于 ET-EC，其全年变化过程也表现为上升斜率（28.418）显著小于下降斜率（39.579）。ET-SEBAL 随季节波动程度最小，但同样表现为上升斜率（16.49）小于下降斜率（28.415）。三种方法的对比（表 3-1）表明，斜率：EC>LAS>SEBAL（上升阶段和下降阶段均如此），整个观测阶段的月均蒸散值的方差均较大，其原因在于全年尺度蒸散变化幅度大，冬季月蒸散值仅为 10～20 W/m²，而夏季则达到了 140 W/m² 以上。三种计算方法的方差表现为 EC>LAS>SEBAL。三种方法计算结果差异性的原因可能在于：小尺度的环境因子变化对小气候影响很大，导致基于观测数据计算 ET 的 EC 方法观测结果波动大。EC 通过测量数据直接计算 ET，其对环境因子和植被生长变化最为敏感，在 4～11 月期间，植被生理活动变化剧烈，经历了从开始生长到几乎停止生长，尤其是占据主要地位的阔叶树种从发芽到展叶到茂盛再到落叶，平均 LAI 从 0.3 到 2.8 再到 0.5。LAS 基于能量平衡法，采用剩余法求算 ET，其对环境因子的敏感性弱于 EC 法，但其在一定程度上仍受到小环境的影响；而 SEBAL 虽然也将植被生长状况（引入 NDVI）考虑进去，但一方面由于遥感数据存在周期性，在采样期以外的时间只能采用尺度扩展的方法来得到日尺度及更大时间尺度的 ET，忽略了采样期以外环境因子的变化，另一方面，遥感估算对环境因子的敏感程度远远小于 EC 和 LAS；因此基于 LAS 的数据对环境因子仍然存在一定的敏感性，而 SEBAL 方法对环境因子的敏感性最弱，故在一个生长季中，ET 波动剧烈程度 EC 最大，LAS 次之，SEBAL 最小。

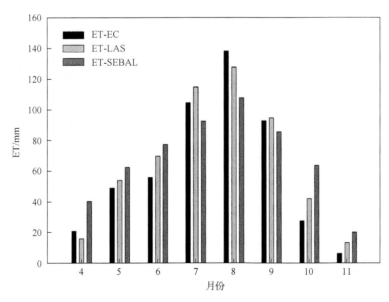

图 3-5　ET 量三种估算法的对比

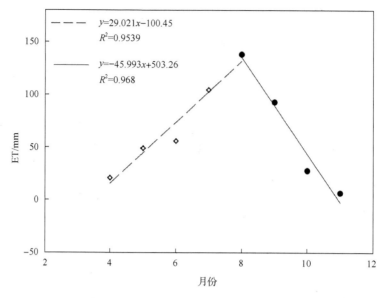

图 3-6　ET 月变化中的上升和下降趋势

表 3-1　三种计算方法中上升和下降阶段中趋势对比分析

方法	上升阶段			下降阶段			全年方差
	直线方程	斜率(绝对值)	R^2	直线方程	斜率(绝对值)	R^2	
EC	$y=29.021x-100.45$	29.021	0.9539	$y=-45.993x+503.26$	45.993	0.9680	2101.60
LAS	$y=28.418x-94.002$	28.418	0.9731	$y=-39.579x+445.54$	39.579	0.9876	1859.05
SEBAL	$y=16.49x-22.847$	16.490	0.9931	$y=-28.415x+339.26$	28.415	0.9675	809.26

　　为了评价三种方法估算 ET 的差异性，采用式(3-1)和式(3-2)来描述月均和日均的 ET 量。

$$RMSE=\left[\frac{1}{n}\sum_{i=1}^{n}\left(ET_i-ET_{iEC}\right)^2\right]^{1/2} \tag{3-1}$$

$$MRE=100\%\times\frac{1}{n}\sum_{i=1}^{n}\frac{ET_i-ET_{iEC}}{\overline{ET_{EC}}} \tag{3-2}$$

式中，RMSE(root mean square error)为均方根误差，MRE(mean relative error)为平均相对误差。两者均用来描述实测值与真实值之间的差异，用于评价实测值的精度，本章以公认的高精度涡度相关仪测定值为基准，用 RMSE 和 MRE 来评价基于 LAS 和 SEBAL 模型估算的蒸散量。ET_i 为 LAS 或 SEBAL 估算的蒸散值；ET_{iEC} 为 EC 测定的蒸散值；$\overline{ET_{EC}}$ 为 EC 测定的蒸散平均值。

　　以 EC 方法为基准，分析 LAS 和 SEBAL 方法估算的蒸散特征，见表 3-2。蒸散总量 ET-EC(495.54 mm)＜ET-LAS(532.92 mm)＜ET-SEBAL(550.03 mm)，RMSE 的月、日差

异均表现为 ET-SEBAL 大于 ET-LAS,尤其是月尺度差异更加明显,ET-SEBAL 是 ET-LAS 的 225%,表明从 RMSE 的角度分析,ET-LAS 与 ET-EC 更接近。MRE 与 RMSE 相反, ET-SEBAL 小于 ET-LAS,月尺度 SEBAL 仅为 LAS 的 45.8%,由式 3-2 可知,在计算 MRE 时,存在正负相抵的情况,因此对于数据量较大的日尺度 MRE,ET-SEBAL 明显小于 ET-LAS,MRE 更接近,表明 ET-SEBAL 估算结果与 ET-EC 存在更多的上下波动情况。

表 3-2 大孔径闪烁仪和 SEBAL 模型估算蒸散值与涡度相关仪的对比

方法	总量/mm	RMSE/mm		MRE/%		R^2
		月	日	月	日	
ET-SEBAL	550.03	21.2800	0.8839	3.45	2.37	0.8797
ET-LAS	532.92	9.4682	0.8201	7.54	3.52	0.9649
ET-EC	495.54	0	0	0	0	1

3.2 平原区下垫面蒸散规律分析

由于在试验点观测的时间仅为一个生长季,在分析其变化规律时,仅分析日月变化和季节变化,年际变化则不进行分析,分析的数据来源为基于 LAS 方法的计算结果。

3.2.1 蒸散典型日变化

对经过处理后的以半小时为频率的蒸散数据进行典型日变化规律分析,见图 3-7。由图可知,蒸散日变化规律可分为四个阶段:0:00~5:00 和 20:00~0:00 为平稳期,也是一天中数值最小的时期;5:00~12:00 为数值上升期;12:00~14:00 为剧烈波动期,但总体平均值大,为一天中的数值最大时期;14:00~20:00 为下降期,上升期和下降期均经历 7 h,但上升阶段直线斜率为 794.24,小于下降斜率 895.58(绝对值),表明下垫面蒸腾速率在 5:00~12:00 期间增加的速率小于在 14:00~20:00 期间的下降速率。四个阶段表现出不同特征,其主要原因为植被的生理活动变化,夜间蒸散主要来自土壤蒸发,关于植被的夜间蒸腾研究相对较少(Malek,1992;陈立欣等,2010;李薛飞,2011),但可以确定的是植被夜间蒸腾量远小于日间蒸腾,如 0:00~5:00 和 20:00~0:00 期间蒸散量远小于日间值。日间 12:00~14:00 期间,是一天中温度最高、植被生理活动最活跃的时期(晴好天气),无论是植被蒸腾还是土壤蒸发都达到最大值,蒸散速率自然也达到了最大值。5:00~12:00 期间蒸散速率逐渐上升可从两方面来解释:一方面是土壤在经历夜间散热(红外辐射)之后,地表温度达到了最低值,在接收到太阳辐射后,土壤吸热逐渐升温,在太阳照射的初期,大部分能量被用于土壤热通量的增加;另一方面是植被因素,受温度降低的影响,植被生理活动也有一个缓慢增强的过程。对于 14:00~20:00 期间的蒸散速率下降,同样是由于土壤蒸发和植被蒸腾活动降低的影响,但由于受土壤水分供给、气压及气流等(张文娟等,2009)的影响,下降速率更快。对于不同时期,四个阶段持续的时间段存在差异。

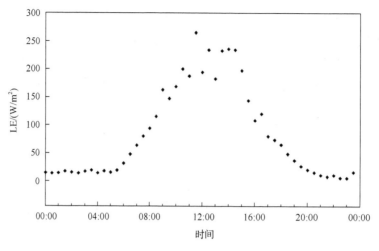

图 3-7　LE 典型日变化(5 月 21 日)

3.2.2　蒸散月变化

选择 5 月的数据进行 LE 月变化规律分析,将每天的数据对应时段取平均值,得到月数据的 24 h 分布曲线,见图 3-8。与日变化相比,月变化趋势相同,但曲线更加平滑。

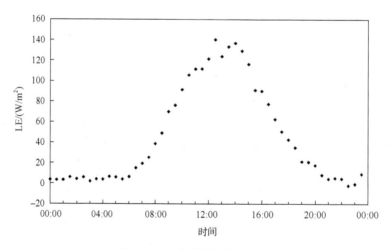

图 3-8　LE 典型月变化(5 月)

3.2.3　蒸散季节变化

基于能量平衡原理得到八达岭林场部观测站 4～11 月的蒸散量,见图 3-9,研究时段内蒸散总量为 532.92 mm,降水量为 495.76 mm,蒸散量大于降水量,超出降水量部分的水分主要来源可能为地下水及人工灌溉。从图中可知,7 月、8 月为蒸散高峰期,日期蒸散值在 4 mm 上下浮动;4 月为缓慢增长期,日均蒸散量为 0.4 mm 左右,一直持续到 5 月上旬才开始逐渐上升。6～9 月期间波动较大,结合图 3-4 可知,在该时间段内降水事件发生频繁，降水发生时，蒸散量急剧下降，导致日均蒸散值下降，在降水事件结束后的短时间内由于空气湿度大(90%以上)，仪器无法获取准确的数据，导致了日均值降低。但当空气湿度下降到仪器可以准确测量的范围时，植被土壤表面水分含量较大，蒸发量大，此时总蒸散量也较大，因此往往在降水发生前后蒸散曲线会先剧烈下降后极速上升，但只有降水量达到一定量时才会发生这样的现象，降水量过小时，降水事件对蒸散的影响不显著(5.4.3 小节中有详细说明，见图 3-12)。10 月开始蒸散迅速下降，因为 10 月进入秋季后，降水量急剧下降，环境温度也迅速降低，导致植被生理活动和土壤蒸发都降低，使得蒸散量降低。

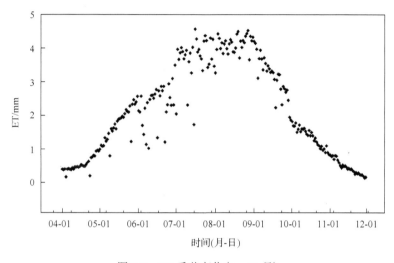

图 3-9　ET 季节变化(3～11 月)

3.3　平原区下垫面蒸散与气象因子关系

由于影响蒸散的气象因子较多，为了准确而简洁地描述蒸散与气象因子之间的相关性，首先利用相关性分析对常规气象因子，如太阳辐射(SR)、空气温度(T)、空气相对湿度(RH)、风速(WS)和风向(WD)等进行筛选，选择与蒸散相关性较高的气象因子。由于不同季节各气象因子的变化规律存在一定的差异性，根据植被生长规律将研究时段分为三个时间段：春季、夏季和秋季，在每个季节选择一个典型天气，其中夏季由于植被生长旺盛，蒸腾活动强烈，选择了晴天和阴天两种天气，而另外两个季节仅选择了晴天，雨天空气湿度达到 100%的饱和程度，仪器观测时会出现较大误差，因此不分析雨天天气条件下的蒸散与气象因子之间的关系，分析结果见表 3-3。由表可知，在所有季节的太阳辐射和温度均与 ET 显著相关，湿度除了春季(4 月 18 日)，其余季节均表现为显著相关，风速只在 7 月 22 和 10 月 26 时与蒸散显著相关。但在不同日期和天气条件下，不同的因子相关性显著性水平不同。

表 3-3　不同季节典型天气气象因子与蒸散的相关性分析

日期(月-日)	SR	T	RH	WD	WS
04-18	0.782**	0.768**	−0.364	−0.003	−0.123
07-22	0.757**	0.835**	−0.685*	−0.122	0.654*
07-24	0.807**	0.785**	−0.738*	0.623	0.548
10-26	0.655*	0.703**	−0.727**	0.472	0.584*

* 在 0.05 水平上显著相关；** 在 0.01 水平上显著相关。

　　根据上述分析，选择太阳辐射、空气温度深入分析其与蒸散之间的相关关系，时间即为上述表中选择的典型日。由于空气湿度与降水(P)密切相关，且降水对大孔径闪烁仪的观测结果影响较大，在分析湿度因子时便以降水代替。连续降水的情况下，蒸散观测数据大都不可用(涡度相关仪也是如此)，因此本段为了分析降水因素的影响，通过对数据的筛选，选择了数据可用的短期降水(降雨)当日及前日或后日来分析降水条件下蒸散的变化情况。

3.3.1　蒸散与太阳辐射的关系

　　选择不同季节的 4 个典型日：春季(4 月 18 日，晴)、夏季(7 月 22 日，阴；7 月 24 日，晴)、秋季(10 月 26 日，晴)，分析蒸散(LE)与太阳辐射(SR)之间的相关性(图 3-10)。

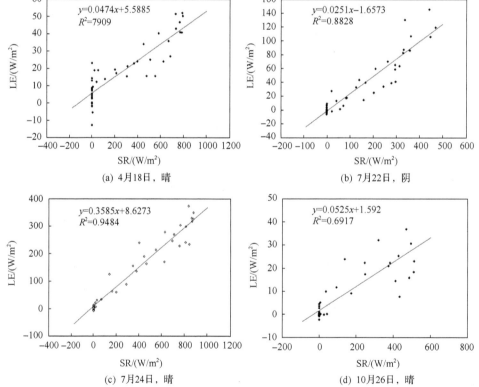

图 3-10　典型日太阳辐射与 LE 之间的关系

　　由图 3-10 可知，LE 与 SR 之间为正相关，但在不同季节、不同天气条件下，LE 与 SR 之间的相关性存在差异。图中直线方程以太阳辐射 SR 为自变量，蒸散 LE 为因变量，方程自变量系数的大小定义为太阳辐射利用率。将 5 个典型日分为春夏秋三个季节，可以看出，夏季太阳辐射利用率与春秋季相比，足足高出一个数量级，这表明夏季 SR 对 LE 的影响程度显著大于春秋季。夏季两个典型天气的分析表明，阴天的太阳辐射利用率小于晴天，这表明阴天 SR 对 LE 的影响程度小于晴天。不同季节和天气条件下，SR 与 LE 之间的数量变化关系见表 3-4，以夏季晴天为例，LE/SR 为 0.3585，表示太阳辐射每增加 1 W/m^2，LE 增加 0.3585 W/m^2。由于 ET 的大小常被用来判断植被生理活动的强弱，而植被蒸腾是 LE 的主要组成部分，当 LE 越大时说明太阳辐射被植被用于生理活动的量越大。从表 3-4 可知，夏季下垫面生态系统植被对 SR 的利用率显著高于春秋季，春秋季的太阳辐射利用率仅为 5%左右，而夏季为 25%～36%。

表 3-4　不同季节、天气条件下太阳辐射利用率

典型天气	春季	夏季		秋季
	晴天	阴天	晴天	晴天
LE/SR/[(W/m^2)/(W/m^2)]	0.0474	0.2510	0.3585	0.0525

3.3.2　蒸散与大气温度的关系

　　选择与太阳辐射相同的日期进行典型日蒸散与空气温度之间的相关性，见图 3-11。由图可知，春秋季的直线拟合系数 R^2 及方程斜率均远小于夏季，其变化趋势和蒸散与太阳辐射关系类似，春季（4 月 18 日，0.1826）<秋季（10 月 26 日，0.4222）<夏季（7 月 24 日，0.6735），同为夏季的两种天气表现为阴天（0.647）<晴天（0.6735），但夏季晴天和阴天差异较小。而直线斜率表现为：秋季晴天（10 月 26 日，1.3516）<春季晴天（4 月 18 日，2.3224）<夏季晴天（7 月 24 日，18.042），同为夏季的两种天气表现为：阴天（21.065）>晴天（18.042），但两者差异较小。温度通过对水分及植被体内酶活性等的影响来影响植被的生理活动，图 3-11 表明，春秋季植被蒸散与温度的相关性降低，主要有两方面的原因：一方面是春秋温度较低，图 3-11(a) 中温度最大值为 12℃，图 3-11(d) 中温度最大值为 15℃，对于温带植被来说，均在生长最适温度以下，在低温范围内，温度的小范围变化不足以引起植被相关酶活性的上升，因此，此时段内，蒸散变化与温度的相关性较低；另一方面是植被本身生理活动降低，生态系统中活跃水分含量相对于夏季明显降低，蒸散下降。而夏季日均温达到了植被最适生长温度范围，植被生理活动对温度变化的敏感性明显增强，夏季阴天蒸散对温度的敏感性高于晴天，其原因可能与植被在正午时候出现的午休现象有关(徐佳佳，2012)，午间温度过高时，为了降低水分损失，叶片表面气孔关闭，形成午休现象，从而降低蒸腾耗水，因此当温度过高时，整个系统的蒸散量与温度之间的相关性降低。将不同季节、不同天气条件下温度与下垫面蒸散的数值关系定义为温度效应，物理意义与太阳辐射与蒸散的比值类似，即温度每变化 1℃时 LE 变化量，并统计于表 3-5。由表 3-5 可知，春秋季的温度每升高 1℃，LE 增加的量仅为 2.3224 W/m^2 和 1.3516 W/m^2，而夏季平均每升高 1℃，LE 增加 18.96 W/m^2。

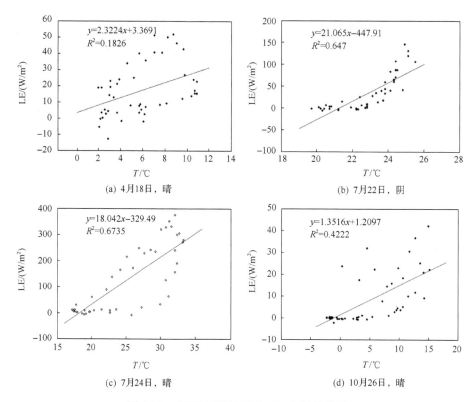

图 3-11　典型日空气温度与 LE 之间的关系

表 3-5　不同季节、天气条件下温度效应

典型天气	春季	夏季		秋季
	晴天	阴天	晴天	晴天
$LE/T[\mathrm{W}/(\mathrm{m}^2 \cdot \mathrm{^\circ C})]$	2.3224	21.0650	18.0420	1.3516

3.3.3　蒸散与降水的关系

选择降雨前后 24 h 内的数据分析降水对蒸散的影响，见图 3-12。由图可知，降水对蒸散的影响显著，但与降水量和降水发生的时间有关。日间降水能显著降低短时间内的蒸散量[图 3-12(a)]，夜间降水对蒸散的影响弱于日间降水[图 3-12(b)]。在图 3-12(a)中，当降水量为 0.25 mm 时，蒸散速率仅有微弱下降，但当降水量为 4.31 mm 且连续降水时，蒸散速率迅速降低，最小达到了 2.57 W/m²。降水事件通过降低空气温度，增大空气湿度，同时降水发生时一般太阳辐射也减弱甚至没有，这一系列的作用使得蒸散迅速降低，但当降水量很小或者降水时间过短时，对环境因子的改变作用也很小，因此对蒸散的减弱作用也小。对现有的数据进行统计，可得到降低蒸散的降雨临界值约为 0.8 mm，降雨历时的临界值为 45 min 左右，由于数据样本有限，这两个临界值的代表性可能存在一定的局限。同样的强降雨事件发生在夜间时，对蒸散速率的影响却很微弱[图 3-12(b)]，是由于夜间蒸散本来就微弱，在经历夜间降水之后的次日日间蒸散反而会有增大的可能性，其主要原因为降水事件增加了空气湿度，但经过短期的蒸发后，空气湿度并未达到饱和

状态，同时，降水事件也为植被生长提供了充足的水分来源，因此往往在降水事件结束后的晴朗天气蒸散速率会上升，同样的原因，夜间降水也只有降水量达到了一定量之后才能提高后期的蒸散速率，否则影响微弱。

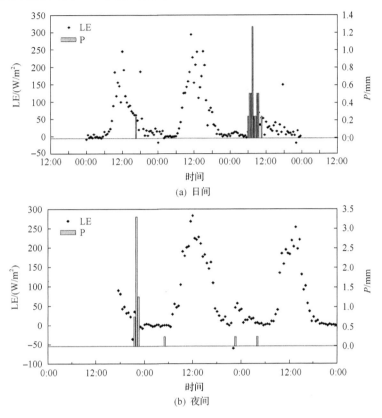

图 3-12　降水对蒸散的影响

3.3.4　气象因子对蒸散的综合效应

在分析单项气象因子与蒸散的相关性后，将所有与蒸散相关性较高的气象因子(SR、RH、T)作为变量集，建立蒸散与该变量集的综合关系模型，采用多元线性回归法构建蒸散与气象因子集的表达式。由于不同季节蒸散与各气象因子的相关性不同，在构建综合表达式时也分季节进行，见表 3-6。

表 3-6　不同季节典型天气蒸散与气象因子综合效应的相关性(定量模型)

季节[日期(月-日)]	表达式	df	R^2	Sig.
春季晴天(04-18)	LE=0.042SR+6.078T+1.801RH−72.402	47	0.753	0.000
夏季阴天(07-22)	LE=0.098SR+14.698T−0.336RH−281.175	47	0.743	0.000
夏季晴天(07-24)	LE=0.225SR+35.973T+7.088RH−1327.71	47	0.801	0.000
秋季晴天(10-26)	LE=0.026SR−4.34T−1.563RH+129.455	47	0.673	0.000

注：表中 LE 和 SR 的单位为 W/m²；T 的单位为℃；RH 的单位为 1%。

由表 3-7 可知，SR 和 T 的系数从春季到夏季增大，夏季到秋季降低，夏季晴天大于夏季阴天；RH 的变化趋势与 SR 和 T 相同，但夏季阴天时为负值；由前文蒸散与气象因子相关分析可知，RH 与 ET 的相关性相对较低，其变化趋势规律性较差。从数值的绝对值来看，蒸散对温度的敏感性高(温度因子的系数最大，其次是湿度)，但从相对量即数值的变化幅度来看，温度因子并不是最敏感的气象因子。SR 的日变化幅度从 $0 \sim 600 \ W/m^2$，而温度的变化幅度最大也不会超过 20℃，一般在 10℃ 左右。为了分析相同时间尺度下各气象因子对蒸散影响的大小，将表 3-6 中各方程的系数由非标准化改为标准化系数，见表 3-7。

表 3-7　不同季节典型天气蒸散与气象因子综合效应的相关性(标准化模型)

季节[日期(月-日)]	表达式	df	R^2	Sig
春季晴天(04-18)	LE=0.649SR+1.074T+0.871RH	47	0.753	0.000
夏季阴天(07-22)	LE=0.326SR+0.564T−0.038RH	47	0.743	0.000
夏季晴天(07-24)	LE=0.504SR+1.45T+1.01RH	47	0.801	0.000
秋季晴天(10-26)	LE=0.337SR−2.361T−2.906RH	47	0.673	0.000

由标准化模型分析可知，春夏两季温度的系数大于太阳辐射和相对湿度，秋季空气相对湿度系数最大。这表明春夏季蒸散对温度因子最敏感，而秋季对湿度因子最敏感。春季晴天太阳辐射，温度及湿度因子的贡献率分别为 25.02%、41.4%和33.58%；夏季阴天太阳辐射，温度及湿度因子的贡献率分别为 35.13%、60.78%和4.09%；夏季晴天太阳辐射，温度及湿度因子的贡献率分别为 17%、48.92%和34.08%；秋季晴天太阳辐射，温度及湿度因子的贡献率分别为 6.01%、42.13%和51.86%。

第4章 山区生态系统蒸散

第3章分析了平原地区植被异质下垫面蒸散，本章利用大孔径闪烁仪观测数据、气象站观察数据及遥感数据分析山区复杂地形下植被均一及植被非均一下垫面蒸散。观测时间段为2010年7月至2012年12月，研究区域大小约为3 km²。

4.1 下垫面通量特征分析

4.1.1 地表净辐射通量特征

太阳辐射是地球能量最根本的来源，由天空向下投射的和由地表向上投射的全波段辐射量之差称为地表净辐射通量（R_n）。地表净辐射通量由4部分组成，即地表短波辐射（$R_s^{\downarrow}$）、地表反射的短波辐射（$R_s^{\uparrow}$）、大气反射到地表的长波辐射（$R_L^{\downarrow}$）及由地表反射回天空的长波辐射（$R_L^{\uparrow}$），其中地表反射回天空的短波和长波辐射符号为负，见式（4-1）。

$$R_n = R_s^{\downarrow} - R_s^{\uparrow} + R_l^{\downarrow} - R_l^{\uparrow} \tag{4-1}$$

1. 短波净辐射通量计算

太阳投射到地表的短波辐射与地表反射回大气的短波辐射之差为地表短波净辐射通量，地表短波净辐射通量可根据地表反照率 α 与地表短波辐射短波辐射计算，见式（4-2）。

$$R_s^{\downarrow} - R_s^{\uparrow} = (1-\alpha)\, R_s^{\downarrow} \tag{4-2}$$

地表反照率 α 基于遥感数据获取，通过 Liang（2001）、Liang 等（2003）的经验公式求算，见式（4-3）。

$$\alpha = 0.356a_1 + 0.130a_3 + 0.373a_4 + 0.085a_5 + 0.072a_7 - 0.0018 \tag{4-3}$$

式中，a_1、a_3、a_4、a_5、a_7 分别为1、3、4、5、7波段校正后的反射率。

地表短波辐射（$R_s^{\downarrow}$）包括太阳直接投射到地表的短波辐射（R_s）和经天空散射投射到地表的短波辐射（R_d），见式（4-4）。

$$R_s^{\downarrow} = R_s + R_d \tag{4-4}$$

在地形起伏大的山区，即使是在晴朗无云的天气条件下，邻近坡面不同位置接收到的太阳辐射空间变异仍然很大（刘朝顺，2008；赵晓松等，2010）。在太阳辐射估算过程中，为了尽量消除山区地形的影响，有学者引入了反射辐射（R_r）（Wang 等，2000；王修信等，2012），即式(4-4)改写为式(4-5)：

$$R_s^\downarrow = R_s + R_d + R_r \tag{4-5}$$

2. 太阳直接辐射计算

大气衰减的情况下，到达地球表面任一坡面上的瞬时直接辐射可由式(4-6)表示：

$$R_s = \left(\frac{1}{\rho}\right)^2 I_0 \cos\theta = R_0 \tau_b \cos\theta \tag{4-6}$$

式中，I_0 为太阳常数，取 1367 W/m^2；R_0 为大气层顶垂直入射的太阳辐射；θ 为坡面上的太阳天顶角(rad)；τ_b 为大气直射透射率；$\left(\frac{1}{\rho}\right)^2$ 为日地距离订正系数，或称为地球轨道订正因子，可通过傅里叶级数展开计算(Liou，2004)，见式(4-7)：

$$\left(\frac{1}{\rho}\right)^2 = 1.0011 + 0.034221\cos(da) + 0.00128\sin(da) + 0.000719\cos(2da) + 0.000077\sin(2a)$$

$$\tag{4-7}$$

式中；$da = 2\pi d/365$；$d = J - 1$；J 为儒略日（即当天在一年中的日序）。

坡面太阳天顶角受当地纬度、太阳赤纬、太阳时角、坡向及坡度的影响，计算方法如式(4-8)所示：

$$\cos\theta = U\sin\delta + V\cos\delta\cos\omega + W\cos\delta\sin\omega \tag{4-8}$$

式中，$U = \sin\varphi\cos\beta - \cos\varphi\sin\beta\cos\alpha$；$V = \sin\varphi\sin\beta\cos\alpha + \cos\varphi\cos\beta$；$W = \sin\alpha\sin\beta$；$\delta$ 为太阳赤纬；ω 为太阳时角，正午时为 0，上午为负，下午为正，$\omega = \pi(h-12)/12$，h 为 24 小时制的北京时间；φ 为地理纬度；β 为坡度；α 为坡向，朝南时为 0，朝东为负，朝西为正，正东为 $-\pi/2$，正西为 $\pi/2$，正北为 $\pm\pi$。

太阳赤纬 δ 精度要求为 0.0006rad，计算方法见式(4-9)：

$$\delta = 0.006918 - 0.399912\cos(da) + 0.070257\sin(da) - 0.006758\cos(2da)$$
$$+ 0.000907\sin(2da) - 0.002697\cos(3da) + 0.00148\sin(3da) \tag{4-9}$$

大气透射率与大气量(M)有关，同时还受大气本身的条件，如大气中不同气体组分的吸收及大气中分子散射的影响，根据 Kreith 和 Kreider(1978)、Kumar 等(1997)、何洪林和于贵瑞(2003)提出的晴朗无云条件下计算大气直射透射率的经验方程，见式(4-10)：

$$\tau_b = 0.56\left(e^{-0.65M_h} + e^{-0.095M_h}\right) \tag{4-10}$$

式中，M_h 表示一定地形高度下的大气量，与太阳高度角和当地的地形高度及大气压有关，见式 (4-11)：

$$M_h = M_0 \times P_h / P_0 \qquad (4-11)$$

式中，P_h 为本地气压，P_0 为海平面气压 (101.325 kPa)，M_0 为海平面上的大气量，见式 (4-12)：

$$M_0 = \left[1229 + \left(614 \sin a \right)^2 \right]^{1/2} - 614 \sin a \qquad (4-12)$$

式中，a 为太阳高度角。

大气压修正系数 P_h / P_0 由式 (4-13) 计算：

$$P_h / P_0 = \left[\left(288 - 0.0065h \right) / 288 \right]^{5.256} \qquad (4-13)$$

式中，h 为当地海拔高度。

3. 太阳散射辐射和反射辐射的计算

将大气视为均质的物质，直接辐射与散射辐射存在线性关系，直接辐射的投射率越大，散射辐射的投射率越小，散射透射率 τ_d 与直接辐射投射率的关系见式 (4-14)：

$$\tau_d = 0.271 - 0.294 \tau_b \qquad (4-14)$$

起伏条件下坡面上散射辐射的计算方法见式 (4-15)：

$$R_d = R_d \tau_d \cos^2 \beta / (2 \sin a) \qquad (4-15)$$

坡度、坡向及地表反射率均对反射辐射有影响，将地表视为朗伯体 (余弦发光体)，反射辐射由式 (4-16) 计算：

$$R_r = r R_0 \tau_r \sin^2 \beta / 2 \sin a \qquad (4-16)$$

式中，r 为地表坡元反射率，可取简化值 0.21 (李占清和翁笃鸣，1990)；τ_r 为反射辐射投射率。

4. 长波净辐射通量计算

大气向下的长波辐射与地面反射长波辐射之差为长波净辐射通量，计算方法见式 (4-17)：

$$R_L^{\downarrow} - R_L^{\uparrow} = \varepsilon_a \sigma T_a^4 - \varepsilon \sigma T_s^4 \qquad (4-17)$$

式中，ε_a、ε 分别为天空、地表比辐射率；σ 为斯蒂芬-玻尔兹曼常数，5.67×10^{-8} W/(m²·K⁴)，T_a、T_s 分别为空气和地表温度，通过遥感数据反演获取，关于其计算过程大量文献中都有介绍(Price，1984；Barducci and Pippi，1996；Gillespie et al.，1998；覃志豪等，2001；Sobrino et al.，2003；杨青生和刘闯，2004；黄妙芬等，2005；王冬妮等，2006；甘甫平等，2006；杨虎和杨忠东，2006)，此处不再赘述。

天空比辐射率ε_a可由经验公式(4-18)计算：

$$\varepsilon_a = 9.2 \times 10^{-6} \times (T_a + 273.15)^2 \tag{4-18}$$

式中，T_a为近地面温度，℃，可用地面小型气象站观测。

地表比辐射率与下垫面特征密切相关，如下垫面地表组成、粗糙度等各类参数。下垫面特征在一个生长周期中变化较大，但短期内变化较小。例如，春季到夏季，地表植被从落叶状态到全叶状态，下垫面粗糙度就会有显著变化，但一两天时间内，树叶生长变化却很小。到目前为止，由于仪器手段、观测手段等的限制，地表像元尺度地表比辐射率还无法直接测定，多采用经验或半经验公式估算。如基于NDVI的估算方法(Van De Griend and Owe，1993；Valor and Caselles，1996)。

计算过程为：首先提取出水体并赋予其比辐射率为0.995，根据早期研究，不同组成的下垫面比辐射率见式(4-19)：

$$\varepsilon = \begin{cases} 0.9624744 + 0.0652704P_v - 0.0461286P_v^2, & P_v < 0.5 \\ 0.9643744 + 0.0614704P_v - 0.0461286P_v^2, & P_v = 0.5 \\ 0.9662744 + 0.0576704P_v - 0.0461286P_v^2, & P_v > 0.5 \end{cases} \tag{4-19}$$

式中，P_v为植被覆盖率，根据张仁华(1996)的研究可知，植被覆盖率的计算方法见式(4-20)：

$$P_v = \frac{\text{NDVI} - \text{NDVI}_{\min}}{\text{NDVI}_{\max} - \text{NDVI}_{\min}} \tag{4-20}$$

5. 平均地表净辐射通量

由于研究区下垫面起伏较大，且光径路线较长，在基于能量平衡原理计算光径路线上的水热通量时，使用的地表净辐射通量不能简单地使用某一点的数值来代替整个研究区的净辐射，需要进行空间代表性分析。

将光径路线图与遥感反演的地表净辐射通量分布图叠加，可得到光径路径沿线的地表净辐射通量值，采用加权平均可得到研究区域内的平均地表净辐射通量。并用光径沿线安装的气象站观测值对利用上述方法得到的地表净辐射通量进行校正。

4.1.2 土壤热通量特征

能量传输过程中将能量存储在土壤中的部分称为土壤热通量，是能量平衡中的重要组成部分，对生态系统具有重要意义。土壤热通量可通过在土壤不同层埋设温度探头，通过温度梯度(左金清等，2010)来计算，或者直接通过土壤热通量板(申双和和崔兆韵，

1999；李明财等，2008)测定，区域尺度的土壤热通量多通过遥感反演的方式得到(高志球等，2002；杨红娟等，2009)。本章利用式(4-21)来计算土壤热通量(马耀明等，1997；Bastiaanssen，2000)。

$$G = \begin{cases} \dfrac{T_s}{\alpha}\left(A_1\alpha + A_2\alpha^2\right)\left(1 - A_3 \mathrm{NDVI}^4\right) \times R_n & (\text{植被覆盖}) \\ A_4 R_n & (\text{裸土}) \end{cases} \tag{4-21}$$

式中，$A_1 \sim A_4$ 均为经验系数，在不同的文献中有细微的差异。马耀明等(1997)所使用的值分别为 0.0032、0.0062、0.978 和 0.20；Bastiaanssen(2000)所使用值分别为 0.0038、0.0078、0.98 和 0.30，在实际应用时应根据研究区的状况选择合适的系数，本章研究区与马耀明的研究更接近，因此选用马耀明所使用的数值。

平均土壤热通量的确定采用与地表净辐射通量类似的方法进行，并用仪器对观测的数据进行校正。

4.1.3　显热通量特征

通过余项法计算潜热通量(LE)时，显热通量(H)的精度直接影响潜热通量(LE)的精度。显热通量的常见估算方法有空气动力学法(吴洪颜等，2000)、涡度相关法(王建林等，2010)、大孔径闪烁仪法(朱治林等，2010；吴海龙等，2013)及遥感反演法(宋小宁等，2007；沈润平和田鹏飞，2010)。不同估算方法适用的条件不同，本章研究尺度为中小尺度，且下垫面地形起伏较大。根据已有文献，大多数研究在分析中小尺度蒸散时都采用大孔径闪烁仪与涡度相关仪相结合的方法，利用大孔径闪烁仪来扩大源区，达到扩展空间尺度的目的，而涡度相关仪则提供摩擦风速等关键参数(Tang et al.，2010；Liu et al.，2011)。但本书研究中起伏下垫面无法使用涡度相关仪提供相关参数，为了使用基于莫宁-奥布霍夫相似理论的显热通量估算方法，本章试图通过遥感反演手段来获取相关参数(图4-1)，然后计算显热通量，最终获取山区起伏下垫面蒸散。

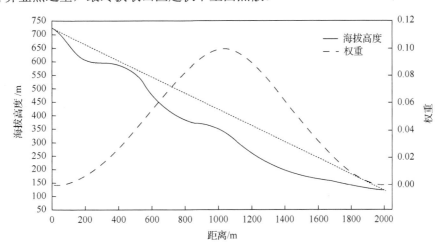

图 4-1　光径上各测点海拔高度及空间权重分布

1. 异质下垫面关键参数的确定

通过迭代法计算显热通量时，需要输入众多参数，但光径有效高度、动力学粗糙度、零平面位移计摩擦风速为关键参数，下面对其进行详细说明。

2. 光径有效高度 Z_s 的确定

根据下垫面情况将其分为三种类型：平坦地表、倾斜地表和起伏地表。平坦地表光径有效高度即为发射端(接收端)的高度，但倾斜地表及起伏地表有效高度的计算方法则较复杂，式(4-22)～式(4-24)是常见的计算倾斜及起伏下垫面的光径有效高度的方法(白洁等，2010)。

$$Z_1 = \left| 3\frac{Z_T^{-\frac{1}{3}} - Z_R^{-\frac{1}{3}}}{Z_T - Z_R} \right|^{-3/4} \tag{4-22}$$

$$Z_2 = \int_0^1 Z(u)G(u)\mathrm{d}u \tag{4-23}$$

$$Z_3 = \frac{-1 + \sqrt{1 - \frac{4c_2}{L_{MO}}\left(\int_0^1 \left\{ Z(u)\left[1 - c_2\frac{Z(u)}{L_{MO}}\right] \right\}^{-2/3} G(u)\mathrm{d}u \right)^{-3/2}}}{\frac{-2c_2}{L_{MO}}} \tag{4-24}$$

式中，Z_T 和 Z_R 分别为发射端和接收端的海拔高度；$Z(u)$、$G(u)$ 分别为光径上观测点的海拔高度及空间权重函数；c_1、c_2 为稳定度普适函数系数，分别为 4.9 和 6.1(Andreas，1988)；L_{MO} 为莫宁-奥布霍夫长度。式(4-22)常用于计算倾斜下垫面有效高度，式(4-23)和式(4-24)则均可用于计算两种下垫面的有效高度，但计算方法有差异而已，但白洁等(2010)的研究表明，两种方法的计算结果对显热通量的影响较小，差异在 1% 以内，因此，在具体计算过程中可根据实际情况选择不同的计算方法，这里选择式(4-23)的计算方法。

3. 动力学粗糙度 Z_{0m} 的确定

地球表面 50～100 m 范围内的大气层称为近地面层(surface layer，SL)，近地面层可分为两个副层：上一层为惯性副层或对数副层(inertial or logarithmic sub-layer，LSL)(Tennekes，1973)，下一层为粗糙副层或冠层副层(roughness sub-layer or canopy sub-layer)(Raupach and Thom，1981)。两个副层有两方面的主要区别：一方面是粗糙副层单个地表元素对气流流动影响显著，并且气流水平异质性大，而惯性副层则是垂直梯度大但水平均一；另一方面粗糙副层内，气流传输受多种因素影响，如分子扩散、小湍流扩散等，但惯性副层中湍流扩散是唯一的传输方式（Raupach and Thom，1981）。因此，在粗糙副层内分子扩散和气压梯度同时作用于动量传输。动力学粗糙度 Z_{0m} 是中性层结下风廓线外延到平均风速为 0 的高度（卢利，2008），常通过风速观测（赵晓松等，2004）或者基于地表粗糙元的形态和空间分布进行分析（Grimmond et al.，1998），在有植被覆盖的情况下，Z_{0m} 可通过式（4-25）的经验公式进行计算（Waters et al.，2002）。

$$Z_{0m} = \exp\left(a\frac{\text{NDVI}}{\alpha} - b\right) \tag{4-25}$$

式中，a、b 为经验系数；NDVI 为植被归一化指数。本章采用 Liu 等（2010）的研究中所用参数，即 a=0.0553，b=3.64（R^2=0.97）。

4. 零平面位移 d 的确定

零平面位移 d 与动力学粗糙度 Z_{0m} 有密切关系，对于均匀下垫面的情况，d 与 Z_{0m} 已有明确的计算方法，但对于非均匀下垫面的情况，d 和 Z_{0m} 的计算仍存在很大的不确定性。在早期的研究中，学者们根据实验观测和推算，多采用经验值的方式，如式（4-26）和式（4-27）（Stanhill，1969）所示，式中 h 为冠层高度。后来学者们逐渐将植被生长变化引入其中，同时考虑到 d 和 Z_{0m} 的关系，式（4-28）能够反映出植被变化的特征，同时，空间尺度扩展时也可应用。

$$d = \frac{2}{3}h \tag{4-26}$$

$$\lg d = 0.979\lg h - 0.154 \tag{4-27}$$

$$d = 4.9Z_{0m} \tag{4-28}$$

本书中使用式（4-24）的计算方法求算零平面位移。

5. 异质下垫面摩擦风速的计算

均一下垫面摩擦风速（U^*）可由涡度相关系统直接观测，且精度高，但在起伏的非均一下垫面涡度相关系统中不再适用。在距离地面一定高度之后，大气层受下垫面的影响就变得十分微弱，假定在地面以上高度为 Z_r 处（Z_r 一般可取 200 m 或 100 m）的风速不再受下垫面的影响，由此求得中性稳定度下的摩擦风速（曾丽红等，2008），见式（4-29）。

$$U^* = \frac{kU_r}{\ln[Z_r / Z_{0m}]} \tag{4-29}$$

式中，U_r 是距地面高 Z_r 处的风速，可以通过影像获取时研究区内相应气象站点 2 m（或 10 m）高度的实测风速经过转换得到，见式（4-30）。

$$U_r = \frac{U_2 \times \ln(67.8 \times Z_r - 5.42)}{4.87} \qquad (4\text{-}30)$$

式中，U_2 是距地面高 2 m 处的风速。

遥感数据具有周期性，在本书中所用的 ETM 数据周期为 16 天，且遥感获取的数据为瞬时值，但研究目标所需数据为连续性的数据，因此在时间尺度的扩展上参考 SEBAL 中的方法，日尺度的数据以卫星过境时刻为基础，认为在这一天内该数据为固定值，而两个周期之间则采用线性插值法计算获取。

4.2　山区下垫面蒸散规律分析

4.2.1　蒸散典型日变化

下垫面 LE 典型日变化表现为单峰型二次曲线（图 4-2），7:00～19:00 期间大于 0，其他时间段以小于 0 为主，存在日最大值。最大值一般出现在 11:00～13:00，LE 的最大值达 352 W/m^2，出现在 8 月 2 日 13:00。

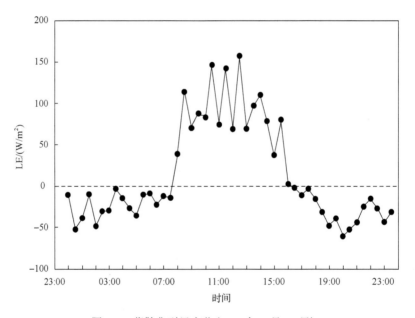

图 4-2　蒸散典型日变化（2010 年 7 月 29 日）

4.2.2　蒸散季节变化

LE 的季节动态与日动态相似（图 4-3），也呈单峰二次型曲线。LE 的最大值出现在 8 月，最小值出现在 11 月。7～10 月为 LE 一年中的峰值期，4 月次之，在这两个时间段内 LE 曲线波动较大，说明在这期间 LE 的变化较大，而 11 月～次年 3 月 LE 均在 0 上下波动。7～10 月为植被生长季，蒸腾作用强烈，因此该阶段 LE 处于较高水平。而在

11 月~次年 3 月一年生草本植物已枯萎，蒸腾作用基本停止；常绿乔木也开始落叶蒸腾作用也微弱，常绿乔木有叶片但由于温度、水分及光照等条件的缺乏，生理活动微弱，蒸腾也处于低水平。

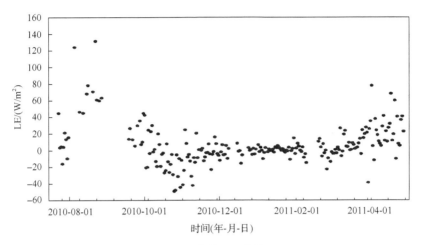

图 4-3　蒸散逐月变化

以月为单位，对每天相同时间段的数据取平均值得到 LE 的逐月日动态变化(图 4-4)表明，24 h 时间内呈单峰二次型曲线，8 月峰值最大，其次是 9 月；11 月~次年 2 月变化幅度小，几乎为一条直线分布于 0 上下，这表明在 8 月、9 月下垫面蒸散最大，而在 11 月~次年 2 月蒸散最小。

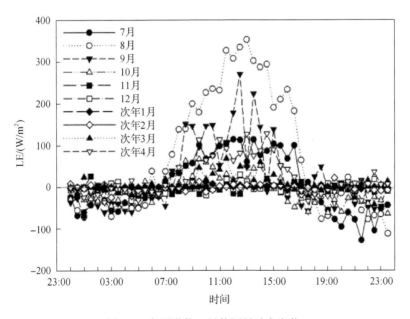

图 4-4　各月潜热、显热逐日动态变化

4.2.3　蒸散年际变化

分析 2011 年和 2012 年两年对应时间段内的蒸散变化，见图 4-5。由图可知，两年内的变化趋势相同，11 月～次年 3 月为全年蒸散低谷时段，7 月和 8 月为全年高峰时段；其中 2011 年最低值为 1 月的 8.42 mm，最高值为 7 月的 159.59 mm，2012 年最低值为 12 月的 8.95 mm，最高值为 7 月的 169.99 mm。总体来看，年蒸散值分布为一个中心线右移的正态分布曲线，7 月、8 月蒸散值最高并且相差不大，在 150～170 mm 之间变化；其次为 6 月、9 月且蒸散值接近，均为 80 mm 左右；然后为 5 月和 10 月，蒸散值在 40 mm 上下波动；最后为 1～3 月及 11～12 月，为全年蒸散的最低时段，仅为 10 mm 左右。

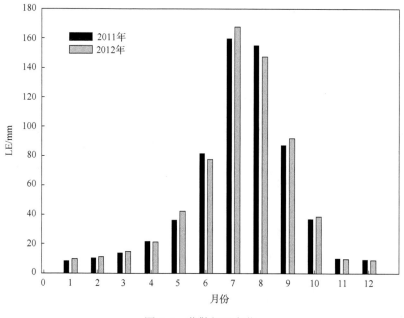

图 4-5　蒸散年际变化

4.3　山区下垫面蒸散与气象因子关系

为了确定与蒸散相关性较高的气象因子，首先选择常规气象因子太阳辐射(SR)、空气温度(T)、空气湿度(RH)、风速(WS)和风向(WD)，分析其与蒸散之间的相关性。不同季节蒸散受气象因子的影响程度不同，在非生长季，蒸散量较小，变化规律简单；而在生长季由于植被生长旺盛，蒸散与气象因子之间的相关性因为植被因素的介入而变得复杂了，为了准确分析生长季不同气象条件下蒸散与气象因子之间的关系，在选择典型天气时则考虑了多种天气并有重复，选择的具体时间和天气分布见表 4-1。

表 4-1 不同季节典型天气分布(月-日)

	冬季	春季	夏季	秋季
晴天	01-17	03-16	06-04；07-17；08-09；09-14	10-12
阴天	—	—	06-03；07-25；08-14；09-10	—

对上述典型日的常规气象因子和蒸散进行相关分析,结果见表 4-2,由表可知,太阳辐射(SR)和空气温度(T)在所选择的所有典型日中均在 0.01 水平上显著相关,风速(WS)除了 9 月 10 日在 0.05 水平上显著相关外,其余时间均为 0.01 水平上显著相关,而湿度(RH)表现出显著相关的天数比 SR、T 和 WS 都少,风向(WD)与蒸散的相关性最小。

表 4-2 不同季节典型天气气象因子与蒸散的相关性分析

日期	SR	T	RH	WD	WS
01-17	0.947**	0.699**	−0.662**	−0.076	0.473**
03-16	0.838**	0.652**	−0.554**	0.073	0.372**
06-03	0.542**	0.477**	0.267	−0.328	0.342**
06-04	0.934**	0.448**	−0.309**	−0.272	0.371**
07-17	0.938**	0.571**	−0.275	−0.271	0.456**
07-25	0.629**	−0.518**	0.325**	0.265	0.344**
08-09	0.956**	0.838**	−0.749**	−0.401	0.659**
08-14	0.939**	0.800**	−0.468**	−0.485*	0.490**
09-10	0.974**	0.587**	−0.223	−0.610*	0.360*
09-14	0.965**	0.757**	−0.612**	−0.263	0.751**
10-12	0.955**	0.643**	−0.754**	−0.519*	0.664**

* 在 0.05 水平上显著相关；** 在 0.01 水平上显著相关。

根据上述分析,选择太阳辐射、空气温度、湿度和风速作为典型气象因子分析其余蒸散的相关性,其中,湿度与降水关系密切,因此用降水代替。

4.3.1 蒸散与太阳辐射的关系

以 2012 年数据为例分析蒸散特征与太阳辐射之间的相关关系,首先分析全年尺度上蒸散与太阳辐射之间的关系,见图 4-6。由图可知,两者之间存在一定的相关性,R^2 达到了 0.6468,在小于 0 的部分,蒸散和辐射数据比较集中,而在 0 附近两者均仅有少量数据分布。在大于 200 W/m^2 的范围内,两者数据分布较分散。小于 0 的部分主要为夜间数值,另外有少量大气气流处于稳定水平时的数据,但在计算过程中对不合理数据进行了剔除,仅剩部分小于 0 的数据,因此在该部分数值较集中。大于 200 W/m^2 的数据多发生在植被生理活动旺盛时期,而该时期明显为生长季,即 6~9 月,太阳辐射强烈,但北方雨季也发生在 6~9 月,且云层等因素都会对辐射造成短期而显著的影响；同时，在高温的午间，植被存在午休的现象(杨新兵，2007；徐佳佳，2012)，这使得太阳辐射与蒸散之间的相关性降低，因此，在 200 W/m² 以上的范围内，两者的数值分布并不十分集中。

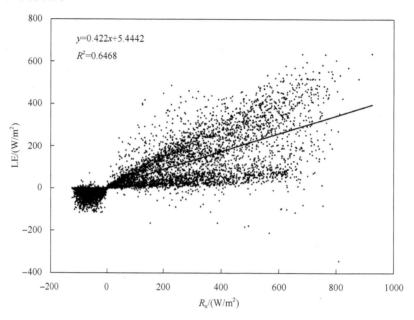

图 4-6　蒸散与太阳辐射的相关性分析(年尺度)

　　虽然年尺度的数据能反映两者总体上的大致相关关系，但如此大量的数据却容易忽略内部的差异性，尤其是不同季节、不同天气条件下两者的相关性，因此，根据不同季节及天气选择典型日期分析两者的相关性，见图 4-7。从相关性分析可知，太阳辐射通量与蒸散存在较好的相关性，但在不同季节不同天气条件下相关性(R^2)大小不同，春季晴天(0.752)<冬季晴天(0.8073)<夏季阴天(0.8272)<秋季晴天(0.8935)<夏季晴天(0.9179)。冬季植被生长缓慢，生理活动微弱，蒸散主要来源于土壤水分的蒸发及积雪的升华(融雪水的蒸发)，但这种水分的蒸发量有限，主要受地表水分来源和蒸发驱动力(即温度)的影响。春季为北方的少雨季节，降雨降雪量均很少，但随着温度的逐渐升高，植被开始缓慢生长，但用于蒸散的水分来源少，太阳辐射增强提高的温度效应对蒸散的加强不明显。进入夏季之后，植被生长加速，下垫面蒸散加强，一方面植被蒸腾作用明显提高，另一方面，随着温度的提高，以及水分来源充足，土壤水分蒸发速率也加快。在夏季阴天尽管太阳辐射相对较弱，但该温度基数大，微小的温度变化对植被蒸腾作用的影响较小，太阳辐射的减弱主要降低土壤水分蒸发，但比例较小，因此夏季阴天在太阳辐射从早间至中午再至下午平缓的变化趋势下，下垫面植被仍然遵循午间出现高峰值的现象，两者相关性不如夏季晴天。秋季生长放缓，但两者仍存在较强的相关性。

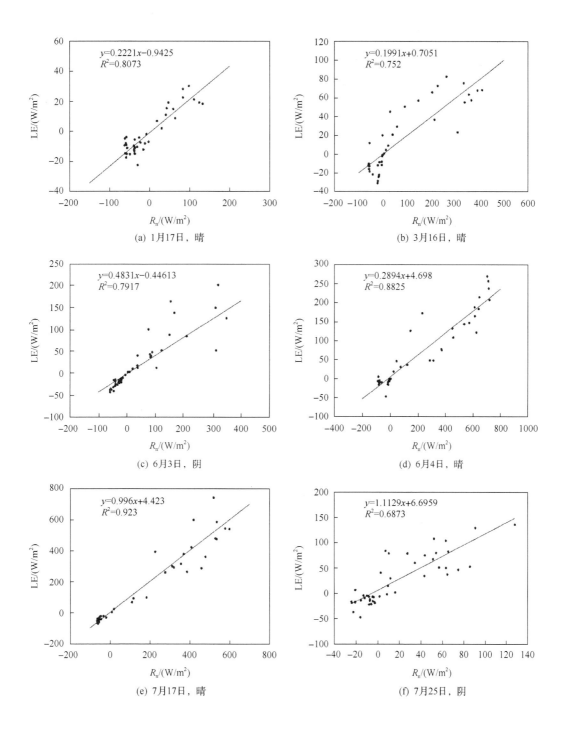

(a) 1月17日，晴

(b) 3月16日，晴

(c) 6月3日，阴

(d) 6月4日，晴

(e) 7月17日，晴

(f) 7月25日，阴

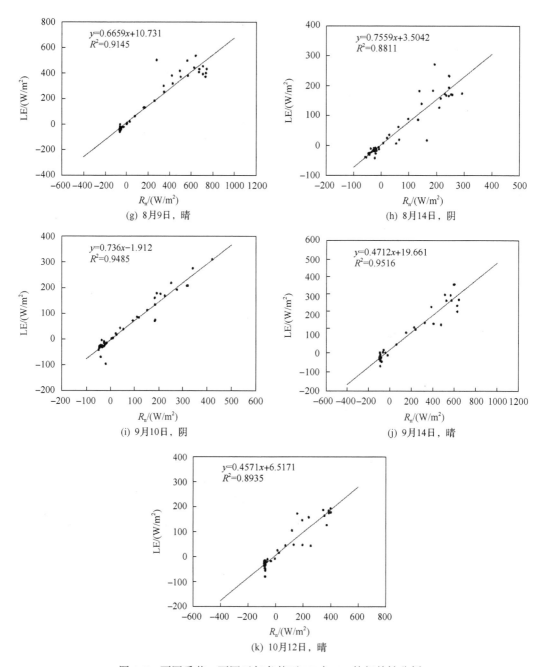

图 4-7　不同季节、不同天气条件下 LE 与 SR 的相关性分析

　　将 LE/SR 定义为太阳辐射利用率，即太阳辐射变化单位数量时，蒸散对应的变化量，在图 4-7 中则体现为直线的斜率，对图 4-7 中不同时期直线斜率进行统计，见表 4-3。由表 4-3 可知，LE/SR 的分布表现为春季晴天<冬季晴天<秋季晴天<夏季晴天<夏季阴天，

这表明春季太阳辐射对蒸散的影响最小,夏季阴天最大。其原因如上文所述,需要说明的是在夏季,由于太阳辐射通量较大,而蒸散相对较小,但阴天情况下,太阳辐射数值较小,正如前文中所述的阴天两者相关性较大,太阳辐射对蒸散的贡献也较大,而晴天太阳辐射的增加对蒸散的增加幅度并不如太阳辐射本身的增加量。

表 4-3　不同季节、天气条件下太阳辐射利用率

典型天气	冬季	春季	夏季*		秋季
	晴天	晴天	阴天	晴天	晴天
LE/SR/$[(W/m^2)/(W/m^2)]$	0.2221	0.1991	0.7720	0.6056	0.4571

*夏季为四天的平均值。

4.3.2　蒸散与大气温度的关系

选择与 4.3.1 小节中相同的日期分析 LE 与 T(空气温度)的相关性,见图 4-8 和图 4-9,图 4-8 为全年尺度,图 4-9 为典型日尺度。从全年尺度来看,LE 与温度 T 的相关性较低,其可能原因一是温度全年的变化范围为 $-10 \sim 40\,℃$,而 LE 的变化范围为 $-100 \sim 600\ W/m^2$,两者变化范围的不同使相关性降低;二是把不同季节的数据作为一个整体分析,忽略了两者在短时间尺度上的相关性。

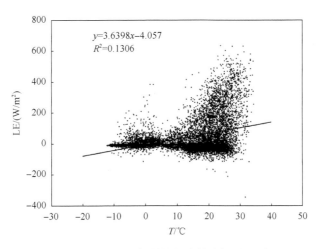

图 4-8　蒸散与太阳辐射的相关性分析(年尺度)

为了更加清晰地体现短时间尺度上 LE 与 T 之间的相关性,选择不同季节典型日的数据进行分析。由图 4-9 可知,LE 与 T 的相关性较低,多为 0.4 左右,季节差异不显著,但在同一季节(夏季)中,晴天和阴天差异较大,且表现为晴天<阴天。夏季晴天相关性低于阴天的原因可能是夏季温度基数大,温度的增加不足以显著改变蒸散速率。

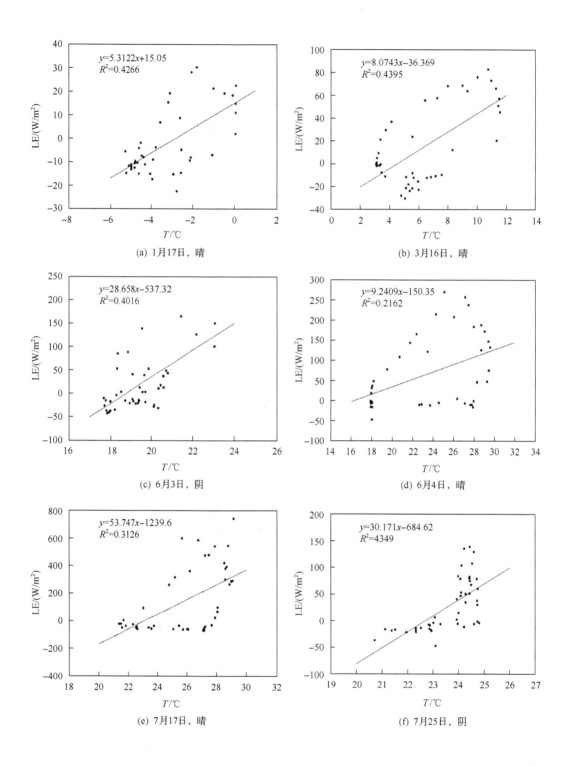

(a) 1月17日，晴　　　　　　　　　(b) 3月16日，晴

(c) 6月3日，阴　　　　　　　　　(d) 6月4日，晴

(e) 7月17日，晴　　　　　　　　　(f) 7月25日，阴

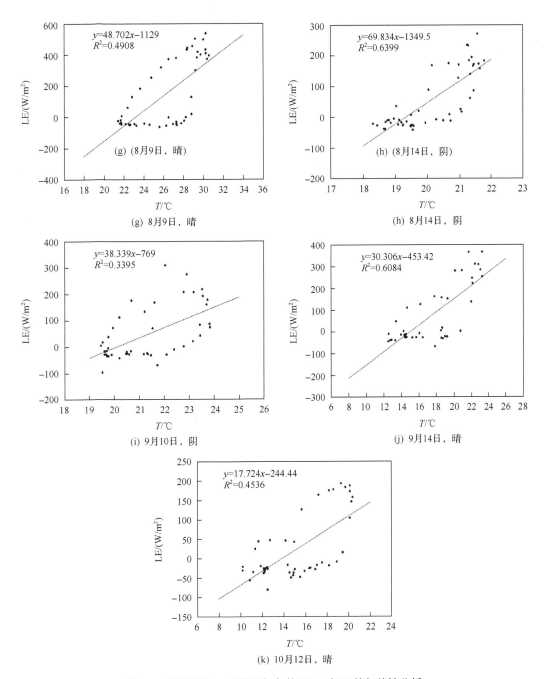

图 4-9　不同季节、不同天气条件下 LE 与 T 的相关性分析

对不同时期 LE 与 T 的直线方程斜率进行统计，见表 4-4，由表可知，温度对蒸散的贡献存在显著的季节变化规律，冬季<春季<秋季<夏季、夏季晴天<夏季阴天。

表 4-4　不同季节、天气条件下温度效应

典型天气	冬季	春季	夏季*		秋季
	晴天	晴天	阴天	晴天	晴天
$LE/T/[\mathrm{W}/(\mathrm{m}^2 \cdot \text{℃})]$	5.3122	8.0743	41.7505	35.4990	17.7240

*夏季为四天的平均值。

4.3.3　蒸散与风速的关系

对选择的典型天内蒸散与风速相关性进行深入分析，见图 4-10，由图可知，在所选的 11 个典型日内，蒸散与风速的直线相关性分析中，R^2 并不大，最大的 9 月 14 日（晴）仅为 0.5663，而最小的为 0.0837，且大多数天气的 R^2 均在 0.3 以下，但表 4-4 中分析表明，蒸散却与风速存在显著相关性，因此可以推测两者之间的相关性不是简单的线性相关性。对蒸散发生的物理过程进行分析可知，蒸散的驱动力来源于太阳辐射，水分来源于植被蒸腾和土壤蒸发，而在蒸散发生过程中，产生影响作用的环境因子众多，如降水、温度等因子往往直接对蒸散过程产生影响，而风速则是通过其他因素来间接影响蒸散，风速增加会加快气流流动，但同时也会降低地表和植被表面温度，因此风速与蒸散之间的相关性并非简单的线性关系。

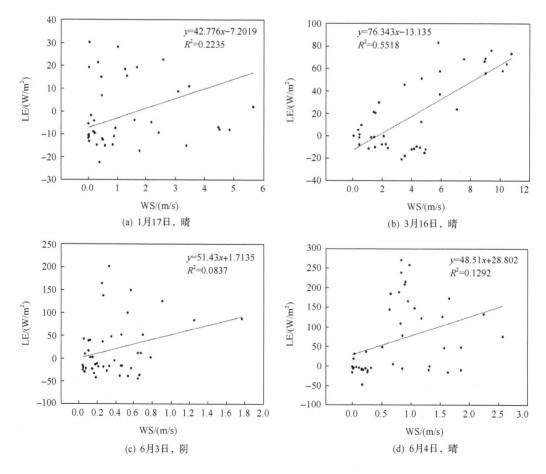

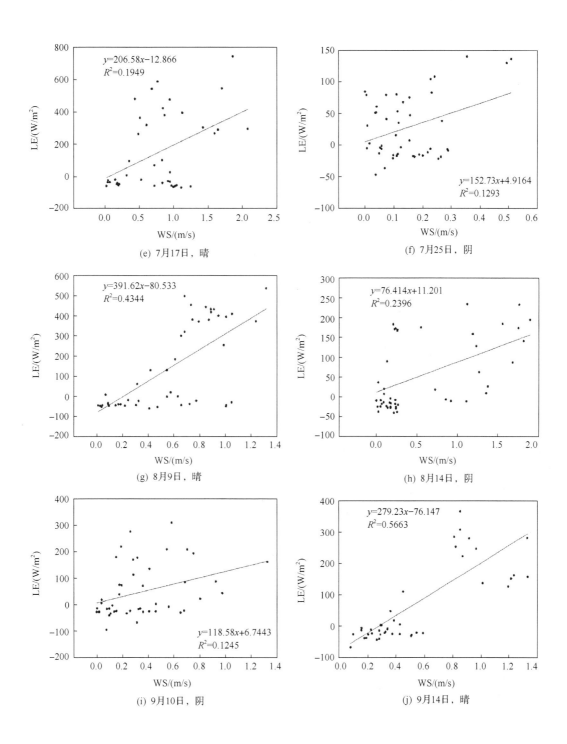

(e) 7月17日，晴

(f) 7月25日，阴

(g) 8月9日，晴

(h) 8月14日，阴

(i) 9月10日，阴

(j) 9月14日，晴

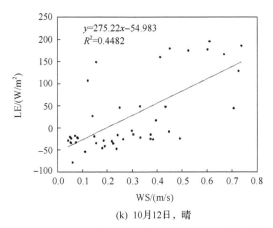

(k) 10月12日，晴

图 4-10　不同季节、不同天气条件下 LE 与 WS 的相关性分析

4.3.4　蒸散与降水的关系

对降雨前后蒸散变化进行了分析，结果表明在短时间内（日尺度）降水能降低蒸散值，但需要达到一定降水量其影响效果才显著。但从长时间序列来看，降水对蒸散的影响是怎么样的呢？从蒸散水分来源可以预测，降水能够增加蒸散，但降水如何增加蒸散呢？降水事件发生后，下垫面水量增加，降水过程中除植物表面截留少量水分外，更多的水分进入到土壤，以及以径流的形式流走。但研究区内，地表植被覆盖接近100%，地表径流量很少，降水后，水分主要去向为土壤水分，因此，在分析降水对蒸散的影响之前，首先分析降水后土壤水分变化。

选择2010年7月～2011年5月期间的数据进行分析，土壤含水量的变化趋势与蒸散相似（图4-11和图4-12），夏季最大，冬季最小；82.76%的降水量主要集中在7～10月，1～3月也有少量降水。每次降水之后2 cm处土壤的含水量都有一个上升的过程，随后逐渐降低，不同层次土壤含水量的变化剧烈程度不同，从2～20 cm变化剧烈程度逐渐降低，2 cm处土壤含水量变化最剧烈且基本上为土壤5个层次中的最小值，仅在降水发生后的短时间内与5 cm处含水量相近，若降水量较大时，5个土层含水量相近，而15 cm和20 cm处土壤含水量变化相对平缓，且两个层次的含水量相差很小并一直为5个土层中含水量最大的土层。

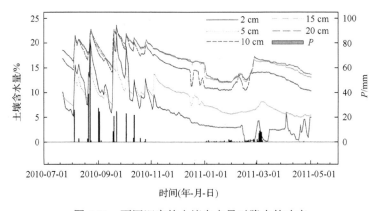

图 4-11　不同深度的土壤含水量对降水的响应

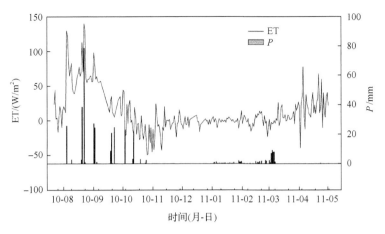

图 4-12　潜热通量与大气降水之间的关系

　　不同层次土壤含水量对降水的敏感程度不同，主要表现在四个方面：①降水之后浅层土壤含水量(2 cm 和 5 cm)迅速升高；②同一次降水之后，深层土壤含水量(15 cm、20 cm)升高的过程要滞后一段时间，滞后的时间与降水量有关，降水量越大滞后之间越短。图 4-11 中 2011 年 1～2 月期间有少量降水但土壤含水量均没有上升的现象出现，这说明只有降水量达到一定的数值之后深层土壤的含水量才会上升；③在降水结束后，表层土壤含水量迅速下降，深层土壤含水量也会下降但同样会存在一个滞后的过程，黄枝英等(2012)对降雨后不同深度土壤含水量的研究也表明，随着深度的增加，含水量消退速度逐渐降低；④经过 7 月、8 月的降水积累，土壤中含水量充足，因此，9 月土壤含水量对降水敏感，降水之后土壤含水量迅速升高且其最高值高于 7 月、8 月。

　　对比图 4-11 与图 4-12 可知，土壤含水量与蒸散变化趋势一致，但潜热通量的峰值并没有出现在 9 月，而是在 8 月，这表明在土壤水分充足时，潜热通量对降水的敏感性高于对土壤含水量的敏感性；当土壤含水量较低时，潜热通量对土壤含水量及降水的敏感性均不高。

　　表层土壤含水量的快速降低是土壤蒸发所致，因此每次降水之后潜热通量都有一个上升的过程(图 4-12)。从图 4-12 中可以看出，在 2011 年 3 月开始时并没有降雨发生但LE 仍有上升的现象，由此可以推测影响下垫面蒸散的因素复杂，降水只是其中之一。北方地区 3 月天气已经回暖，植被进入生长季，因此蒸散过程逐渐开始进行。这也表明这一阶段是植被消耗水分并开始增长的时期，若是人工经营的绿地需要在此之前的一段时间内进行灌溉以免影响植被生长。

4.3.5　气象因子对蒸散的综合效应

　　将上述的 SR、T、RH 和 WS 作为一个集合，建立 LE 与气象因子集合的关系函数，以分析气象因子对 LE 的综合影响特征。分析方法与以上相似，分析结果见表 4-5。由表可知，太阳辐射因子系数冬春季小，夏秋季大，且总体变化不大。温度因子夏季晴天最大，其次是春季晴天，冬季晴天和秋季晴天相差较小。空气湿度因子和风速因子系数的变化波动性较大，且两者的系数均较小。

表 4-5　不同季节典型天气蒸散与气象因子综合效应的相关系（非标准化系数）

季节[日期(月-日)]	表达式	df	R^2	Sig.
冬季晴天(01-17)	LE=0.216SR+1.297T+0.141RH−0.147WS−4.035	47	0.904	0.000
春季晴天(03-16)	LE=0.166SR+11.241T+1.339RH−0.037WS−173.986	41	0.884	0.000
夏季阴天(平均)	LE=0.5458SR+4.14T+0.418RH+0.333WS−126.38	185	0.709	0.000
夏季晴天(平均)	LE=0.532SR+34.845T−0.172RH−0.426WS−67.295	47	0.747	0.000
秋季晴天(10-12)	LE=0.44SR+1.462T−0.965RH−0.759WS+59.39	47	0.93	0.000

注：LE 和 SR 的单位为 W/m^2；T 的单位为℃；RH 的单位为 1%。

　　为了分析同一时间段内不同气象因子对蒸散影响的重要性，将气象因子系数标准化得到表 4-6，由表可知，除了冬季晴天，太阳辐射因子的贡献率都较高，其系数均在 0.7～1 范围内变化，温度因子除了在春季晴天系数较大外，其余时间较小，相对湿度在冬春季较小，其余时间较大，而风速因子在所有时间段内均较小。不同时间段(季节)各因子的贡献率分别为：冬季晴天，太阳辐射 12.71%，温度 5.77%，空气相对湿度 73.85%，风速 7.67%；春季晴天，太阳辐射 30.67%，温度 40.48%，空气相对湿度 27.75%，风速 1.1%；夏季阴天，太阳辐射 74.31%，温度 11.31%，空气相对湿度 4.12%，风速 10.26%；夏季晴天，太阳辐射 79.16%，温度 12.52%，空气相对湿度 1.53%，风速 6.79%；秋季晴天，太阳辐射 60.99%，温度 3.76%，空气相对湿度 7.46%，风速 27.79%。

表 4-6　不同季节典型天气蒸散与气象因子综合效应的相关系（标准化系数）

季节[日期(月-日)]	表达式	df	R^2	Sig.
冬季晴天(01-17)	LE=0.161SR+0.073T+0.935RH−0.097WS	47	0.904	0.000
春季晴天(03-16)	LE=0.723SR+0.954T+0.654RH−0.026WS	41	0.884	0.000
夏季阴天(平均)	LE=0.775SR+0.118T+0.043RH+0.107WS	185	0.709	0.000
夏季晴天(平均)	LE=0.828SR+0.131T−0.016RH−0.071WS	187	0.747	0.000
秋季晴天(10-26)	LE=0.924SR+0.057T−0.113RH+0.421WS	47	0.93	0.000

第5章　生态系统蒸散组分

本章重点探讨 DAY60～DAY300 观测期内，侧柏林分中主要植物枝条水、土壤水的 $\delta^{18}O$ 日变化和季节变化特征，结合同位素稳态假设，探讨土壤含水量、降水对侧柏林分植物枝条水汽及土壤水的 $\delta^{18}O$ 影响因素。

5.1　土壤蒸发水汽稳定同位素组成变化

5.1.1　土壤蒸发水汽稳定同位素组成日变化

在 DAY90～DAY300 观测期内，结合植物、土壤样品加强采样，选取 DAY118（4 月 28 日）、DAY164（6 月 13 日）、DAY253（9 月 10 日），同时结合采样期间气象参数变化，对 Craig-Gordon 模型中涉及的参数进行计算，探讨侧柏土壤蒸发水汽 δ_E 日变异特征。

由图 5-1 可知，在 DAY118、DAY164 和 DAY253 密集采样的样品中，0～5 cm 土壤蒸发水汽 $\delta_{E\text{-}5\,cm}$ 均大于 5～10 cm 土壤蒸发水汽 $\delta_{E\text{-}10\,cm}$，在 DAY118 中，土壤蒸发水汽 δ_E 从 08:00 开始逐步上升，至 14:00 达到最大值后逐步下降，0～5 cm 土壤蒸发水汽 $\delta_{E\text{-}5\,cm}$ 的最大值为–34.92‰，最小值为–39.77‰，均值为–36.85‰，变幅为 4.86‰，方差为 2.21；5～10 cm 土壤蒸发水汽 $\delta_{E\text{-}10cm}$ 最大值为–35.22‰，最小值为–40.45‰，均值为–37.32‰，变幅为 5.22‰，方差为 2.40。DAY164 中，土壤蒸发水汽 δ_E 从 08:00 开始逐步上升，至 14:00 达到最大值后趋于稳定，0～5 cm 土壤蒸发水汽 $\delta_{E\text{-}5\,cm}$ 最大值为–35.60‰，最小值为–43.17‰，均值为–37.67‰，变幅为 7.57‰，方差为 2.85；5～10 cm 土壤蒸发水汽 $\delta_{E\text{-}10\,cm}$ 最大值为–35.96，最小值为–44.17‰，均值为–38.22‰，变幅为 8.21‰，方差为 3.10。DAY253 中，土壤蒸发水汽 δ_E 从 08:00～10:00 逐步降低，10:00～18:00 逐步上升，0～5 cm 土壤蒸发水汽 $\delta_{E\text{-}5\,cm}$ 最大值为–58.54‰，最小值为–81.82‰，均值为–72.80‰，变幅为 23.27‰，方差为 9.35；5～10 cm 土壤蒸发水汽 $\delta_{E\text{-}10\,cm}$ 最大值为–60.20‰，最小值为–83.93‰，均值为–74.85‰，变幅为 23.73，方差为 9.7。

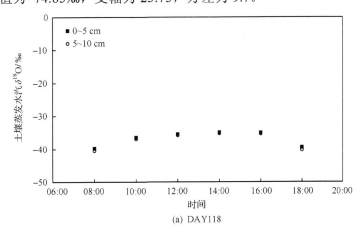

(a) DAY118

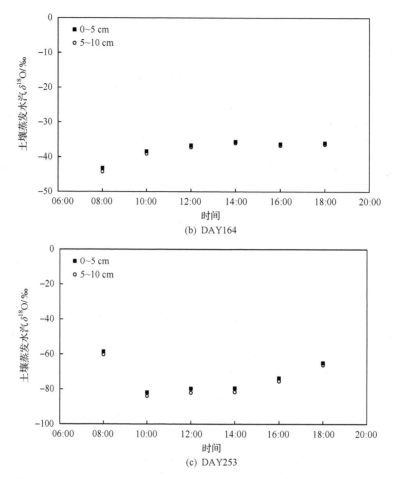

图 5-1　部分代表日侧柏林表层(0~5 cm、5~10 cm)土壤蒸发水汽 δ^{18}O

5.1.2　土壤蒸发水汽稳定同位素组成季节变化

依照前文中所述同位素分馏系数及 Craig-Gordon 模型中各个参数的计算,对侧柏林土壤蒸发 δ_E 及各个参数的拟合计算结果如表 5-1 和表 5-2 所示。

δ_E 为土壤蒸发的水汽同位素组成,δ_s 为 5 cm、10 cm 土壤水 δ^{18}O,‰;h 为地表 5 cm、10 cm 深度土壤温度对应的相对湿度,%;δ_v 为近地面 5 cm 处大气水汽 δ^{18}O,‰;$\alpha_{\text{L-V}}$ 为 5 cm、10 cm 水汽从液体转化为气态发生相变时候的热力学平衡分馏系数,也可以表达为 $\varepsilon_{\text{L-V}}$;$\Delta\xi$ 为 5 cm、10 cm 同位素动力扩散系数。δ_s、h、δ_v、$\alpha_{\text{L-V}}$、$\varepsilon_{\text{L-V}}$、$\Delta\xi$ 均为当日 12:00~15:00 数据均值计算。

由表 5-1、表 5-2 可知,在 DAY 138~DAY 283 中,侧柏林分内土壤 5 cm 蒸发水汽同位素组成大多在−36‰~66‰之间,侧柏林分内土壤 10 cm 蒸发水汽同位素组成大多在−36‰~76‰之间,对应的 5 cm 表层土壤水位素组成数值在−8.265‰~1.953‰之间,对应的 10 cm 表层土壤水同位素组成数值在−9.337‰~4.665‰,整体上,观测期(DAY90~DAY300)内,土壤蒸发过程存在显著的同位素分馏效应,这导致表层土壤水分同位素富

表 5-1 近地面 5 cm Craig-Gordon 模型参数及侧柏林土壤蒸发 δ_E

日期	δ_v	$h_{5\,cm}$	$\Delta\xi_{5\,cm}$	$\alpha_{L-V-5\,cm}$	$\varepsilon_{L-V-5\,cm}$	$\delta_{s-5\,cm}$	$\delta_{E-5\,cm}$
DAY138	−17.436	23.205	21.887	0.9954	4.566	4.446	−34.434
DAY164	−16.787	46.304	15.303	0.9952	4.830	1.750	−37.478
DAY167	−17.806	62.010	10.827	0.9951	4.923	−4.066	−41.441
DAY175	−16.849	81.430	5.292	0.9952	4.811	0.371	−54.334
DAY176	−12.440	82.854	4.887	0.9952	4.822	1.953	−56.549
DAY185	−15.537	61.338	11.019	0.9953	4.660	−5.425	−40.542
DAY193	−16.207	37.861	17.710	0.9950	5.031	−1.904	−36.590
DAY196	−16.355	97.317	0.765	0.9952	4.753	−3.994	−205.244
DAY203	−18.454	93.462	1.863	0.9951	4.874	−5.613	−102.893
DAY212	−17.514	97.961	0.581	0.9951	4.856	−8.969	−266.243
DAY217	−16.925	86.918	3.728	0.9951	4.875	−6.196	−65.699
DAY220	−19.411	86.863	3.744	0.9951	4.948	−5.729	−66.082
DAY223	−16.098	76.785	6.616	0.9950	4.980	−7.225	−49.932
DAY247	−16.441	63.139	10.505	0.9956	4.429	−7.113	−40.506
DAY253	−15.102	67.003	9.404	0.9959	4.092	−8.337	−40.895
DAY263	−13.261	84.337	4.464	0.9956	4.362	−8.265	−56.330
DAY265	−14.038	87.576	3.541	0.9957	4.285	−7.859	−62.954
DAY283	−20.690	45.260	15.601	0.9972	2.847	−9.375	−33.701

表 5-2 近地面 10 cm Craig-Gordon 模型参数及侧柏林土壤蒸发 δ_E

日期	δ_v	$h_{10\,cm}$	$\Delta\xi_{10\,cm}$	$\alpha_{L-V-10\,cm}$	$\varepsilon_{L-V-10\,cm}$	$\delta_{s-10\,cm}$	$\delta_{E-10\,cm}$
DAY138	−17.436	24.078	21.638	0.9956	4.423	4.665	−34.341
DAY164	−16.787	48.138	14.781	0.9953	4.735	0.132	−37.696
DAY167	−17.806	64.381	10.151	0.9951	4.852	−1.712	−42.262
DAY175	−16.849	82.710	4.928	0.9952	4.774	−2.000	−56.468
DAY176	−12.440	85.147	4.233	0.9952	4.755	0.638	−60.927
DAY185	−15.537	62.219	10.768	0.9954	4.614	−5.031	−40.841
DAY193	−16.207	38.848	17.428	0.9950	5.003	−3.451	−36.737
DAY196	−16.355	97.144	0.814	0.9952	4.758	−3.662	−197.667
DAY203	−18.454	95.184	1.373	0.9952	4.836	−5.668	−130.499
DAY212	−17.514	98.669	0.379	0.9952	4.840	−7.957	−398.316
DAY217	−16.925	88.581	3.254	0.9952	4.835	−7.366	−71.485
DAY220	−19.411	89.648	2.950	0.9951	4.894	−6.053	−76.498
DAY223	−16.098	79.036	5.975	0.9951	4.937	−7.512	−52.377
DAY247	−16.441	62.482	10.693	0.9955	4.472	−7.634	−40.549
DAY253	−15.102	66.801	9.462	0.9959	4.109	−8.254	−41.028
DAY263	−13.261	85.122	4.240	0.9957	4.319	−8.227	−57.963
DAY265	−14.038	88.313	3.331	0.9958	4.244	−7.997	−65.369
DAY283	−20.690	45.064	15.657	0.9971	2.894	−9.337	−33.831

集,计算结果表明土壤蒸发水汽 $\delta^{18}O$ 显著贫化,与理论预测结果一致,同时也应该看到,在 DAY 196、DAY 203、DAY 212 三天的土壤蒸发水汽 $\delta_{E\text{-}5\,cm}$ 和 $\delta_{E\text{-}10\,cm}$ 同位素计算中,这三天的土壤蒸发水汽同位素值明显偏低,通过横向比较,不难发现在这三天的各个参数中,表层 5 cm、10 cm 土壤湿度明显大于其他观测时期,结合表层 5 cm、10 cm 温度对应湿度的计算公式,发现环境水汽的相对湿度对表层土壤蒸发水汽同位素组成具有显著影响,即随着相对湿度的增加,土壤蒸发水汽同位素 $\delta^{18}O$ 分馏现象越明显,土壤蒸发水汽同位素比越低。

5.2　土壤蒸发水汽稳定同位素组成影响因素

5.2.1　表层土壤相对湿度对土壤蒸发水汽的影响

结合土壤 EM50 土壤温度、大气温度、大气相对湿度数据计算表层土壤(0～5 cm、5～10 cm)温度对应的相对湿度 h,同时将表层土壤(0～5 cm、5～10 cm)温度对应的相对湿度 h 与对应时刻土壤蒸发水汽同位素作图得出以下结论。

图 5-2 描述了研究区侧柏林分中表层土壤(0～5 cm、5～10 cm)蒸发水汽 δ_E 在不同相对湿度 h 下的变化特征。从图中可见,当 $h>70\%$ 的时候,表层土壤蒸发水汽 δ_E 开始出现较为快速的下降趋势;当 $h>90\%$ 时,表层土壤蒸发水汽 δ_E 出现明显的异常值,这是由于根据 Craig-Gordon 模型计算土壤蒸发水汽同位素值时,当 $h>90\%$ 时,公式中分母会接近于 0,根据图中 h 对 δ_E 的影响曲线可以知道,当 $h<70\%$ 时,表层(0～5 cm、5～10 cm)土壤水 δ_E 和 h 呈线性相关关系,二者关系曲线为: $\delta_{E0\sim5\,cm}=-0.17h-29.29$, $R^2=0.76$, $\delta_{E5\sim10\,cm}=-1.89h-28.63$, $R^2=0.79$;当 $70\%<h<90\%$ 时,表层(0～5 cm、5～10 cm)土壤水 δ_E 和 h 呈非线性相关关系,二者关系曲线为: $\delta_{E0\sim5\,cm}=-0.09h^2+14.33h-584.43$, $R^2=0.91$, $\delta_{E5\sim10\,cm}=-0.21h^2+34.353h-1420.2$, $R^2=0.94$,响应更加敏感;当 $h>90\%$ 时,根据 Craig-Gordon 模型估算的表层土壤蒸发同位素已经严重失真,因此在本章后续的研究中,尤其是针对侧柏林蒸散通量组分定量解析的过程中,将 $h>90\%$ 时的 δ_E 数据剔除,研究表明,当 h 较大或者接近饱和时,如夜间,Craig-Gordon 模型所模拟的结果将会失真。

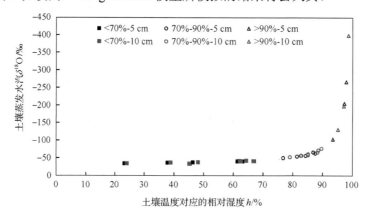

图 5-2　相对湿度 h 对侧柏林土壤蒸发水汽 $\delta^{18}O$ 的影响

5.2.2 大气水汽浓度与土壤水稳定同位素组成的影响

在 DAY90～DAY300 采样期内，将采样期间土壤温度对应的相对湿度 $h>90\%$ 的失真 δ_E 剔除后，通过 Craig-Gordon 模型计算得到的表层(0～5 cm、5～10 cm)土壤蒸发水汽 δ_E 与采样期间大气水汽浓度作图，见图 5-3。

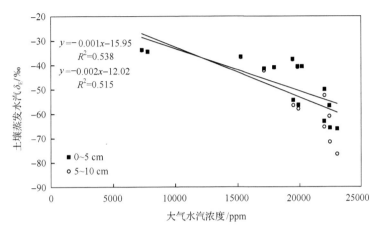

图 5-3　大气水汽浓度对侧柏林土壤蒸发水汽 δ_E 的影响

ppm=10^{-6}

由图 5-3 可知，在 DAY90～DAY300 观测期内，整体上，随着大气水汽浓度 w 的变化，土壤蒸发水汽 δ_E 呈现相反的变化趋势，二者呈现负相关关系，对大气水汽浓度 w 及表层(0～5 cm、5～10 cm)土壤蒸发水汽 δ_E 作图，大气水汽浓度与表层(0～5 cm、5～10 cm)土壤蒸发水汽 δ_E 关系曲线为：$\delta_{E0\sim5\,cm}=-0.0017w-15.954$，$R^2=0.54$，$\delta_{E5\sim10\,cm}=-0.0021w-12.03$，$R^2=0.52$。

5.2.3 大气相对湿度与土壤水稳定同位素组成的影响

在 DAY120～DAY300 采样期内，将采样期间土壤温度对应的相对湿度 $h>90\%$ 的失真 δ_E 剔除后，通过 Craig-Gordon 模型计算得到的表层(0～5 cm、5～10 cm)土壤蒸发水汽 δ_E 与采样期空气相对湿度作图得出以下结论。

从图 5-4 可知，在 DAY90～DAY300 观测期内，整体上，采样当日大气水汽相对湿度变化较大，相对湿度受外界气象因素影响明显，同时发现，随着空气湿度的变化，土壤蒸发水汽 δ_E 呈现相反的变化趋势，二者呈现负相关关系，对大气相对湿度 h 及表层(0～5 cm、5～10 cm)土壤蒸发水汽 δ_E 作图(图 5-5)可知，大气相对湿度 h 与表层(0～5 cm、5～10 cm)土壤蒸发水汽 δ_E 关系曲线为：$\delta_{E0\sim5\,cm}=-0.013h^2+0.76h-46.01$，$R^2=0.84$，$\delta_{E5\sim10\,cm}=-0.015h^2+0.81h-46.25$，$R^2=0.81$。

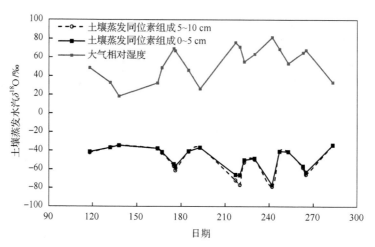

图 5-4 大气相对湿度 h 对侧柏林土壤蒸发水汽 δ_E 的影响

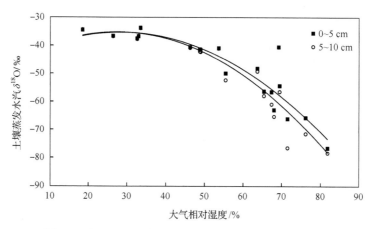

图 5-5 大气相对湿度与侧柏林土壤蒸发水汽 δ_E 的关系

5.3 植物蒸腾水汽稳定同位素组成变化及影响因素

5.3.1 植物蒸腾水汽稳定同位素组成日变化

在 DAY90～DAY300 观测期内，结合植物、土壤样品加强采样，选取 DAY118（4月 28 日）、DAY164（6 月 13 日）、DAY253（9 月 10 日）进行侧柏林植物枝条水同位素组成日变异特征研究。

由图 5-6 可知，在 DAY118、DAY164 和 DAY253 密集采样样品中，对于侧柏、构树、荆条、孩儿拳头 4 种植物，其枝条水 $\delta^{18}O$ 日变化特征不明显，全天枝条水 $\delta^{18}O$ 保持稳定。同时可以看到，随着时间的推移，4 种植物枝条水 $\delta^{18}O$ 逐步降低，同时 4 种植物枝条水 $\delta^{18}O$ 之间的差异逐渐减小。

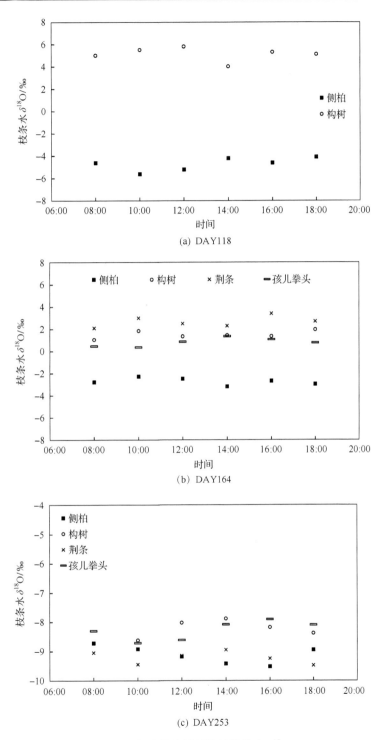

图 5-6　部分代表日侧柏林枝条水 $\delta^{18}O$

　　DAY118 中，侧柏枝条水 $\delta^{18}O$ 的最大值为 –4.11‰，最小值为 –5.61‰，均值为 –4.72‰，变幅为 1.50‰，方差为 0.58；构树枝条水 $\delta^{18}O$ 最大值为 5.82‰，最小值为 4.02‰，均值

为 5.13‰，变幅为 1.80‰，方差为 0.62。

DAY164 中，侧柏枝条水 $\delta^{18}O$ 的最大值为–2.27‰，最小值为–3.17‰，均值为–2.72‰，变幅为 0.90‰，方差 0.33；构树枝条水 $\delta^{18}O$ 最大值为 1.96‰，最小值为 1.06‰，均值为 1.51‰，变幅为 0.90‰，方差为 0.34；荆条枝条水 $\delta^{18}O$ 最大值为 3.40‰，最小值为 2.10‰，均值为 2.66‰，变幅为 1.30‰，方差为 0.48；孩儿拳头枝条水 $\delta^{18}O$ 最大值为 1.36‰，最小值为 0.37‰，均值为 0.88‰，变幅为 0.99‰，方差为 0.37。

DAY253 中，侧柏枝条水 $\delta^{18}O$ 的最大值为–8.72‰，最小值为–9.52‰，均值为–9.12‰，变幅为 0.80‰，方差为 0.31；构树枝条水 $\delta^{18}O$ 最大值为–7.88‰，最小值为–8.72‰，均值为–8.29‰，变幅为 0.84‰，方差为 0.33；荆条枝条水 $\delta^{18}O$ 最大值为–8.95‰，最小值为–9.48‰，均值为–9.21‰，变幅为 0.53‰，方差为 0.21；孩儿拳头枝条水 $\delta^{18}O$ 最大值为–7.91‰，最小值为–8.71‰，均值为–8.28‰，变幅为 0.80‰，方差为 0.32。

5.3.2　植物蒸腾水汽稳定同位素组成季节变化

多数对于植物蒸腾水汽 δ_T 的估计依然是基于植物蒸腾水汽 δ_T 等于植物枝条水同位素组成 $\delta^{18}O$，但是 Wang 和 Yakir 在控制相对湿度的研究中发现植物叶片在恒定湿度 3 小时以上依然没有达到植物蒸腾水汽 $\delta^{18}O$ 的稳定状态，研究结果表明植物蒸腾水汽 $\delta^{18}O$ 比水源的 $\delta^{18}O$ 低 1.5‰～3.0‰，在短时间尺度上，影响植物蒸腾水汽 $\delta^{18}O$ 的因素很多，在较长时间范围内（周或者季节）土壤水分状况和相对湿度对于植物蒸腾作用起着决定性作用，但是在短时间尺度上，相对湿度则是对植物蒸腾最为重要的影响因子。植物蒸腾期间，相对于潮湿环境，干旱条件更能够造成植物叶片水的重氢氧同位素组分（Yakir and Wang, 1996）。因此叶片受到周围环境迅速变化的影响，造成短时间尺度上植物蒸腾更多的处于非稳定平衡状态，但是在较长时间尺度或者植物蒸腾强烈的中午，植物蒸腾水汽同位素 δ_T 更倾向于植物所利用水源同位素组成相同。

由图 5-7 可知，在采样期 DAY60～DAY300 期间，侧柏林分内 4 种植物枝条水的同位素组成 $\delta^{18}O$ 变化趋势明显，从整体上看，构树、荆条、孩儿拳头的变化趋势同侧柏林内土壤表层（0～5 cm、5～10 cm、10～20 cm）土壤水同位素组成的变化趋势一致，同样也可以大致分为三个阶段，第一阶段为 DAY60～DAY130 期间，由于在本阶段采样中，孩儿拳头和荆条样品抽提失败，故在第一阶段仅有构树枝条水 $\delta^{18}O$，这一阶段中，构树枝条水 $\delta^{18}O$ 变幅较大，数值较高，最大值为 13.37‰，最小值为 2.03‰，变幅为 11.34‰，方差为 4.74。第二阶段为 DAY130～DAY210，这一阶段中，构树、荆条、孩儿拳头三种灌木枝条水 $\delta^{18}O$ 迅速下降，构树枝条水 $\delta^{18}O$ 的最大值为 6.33‰，最小值为–3.69‰，变幅为 10.02‰，方差为 3.21，均值为 0.49‰。荆条枝条水 $\delta^{18}O$ 的最大值为 6.33‰，最小值为–6.33‰，变幅为 12.66‰，均值为 0.06‰，方差为 4.23；孩儿拳头枝条水 $\delta^{18}O$ 的最大值为 7.56‰，最小值为–4.34‰，变幅为 11.90‰，均值为 0.13‰，方差为 4.05。第三阶段为 DAY210～DAY300，这一阶段中三种灌木枝条水 $\delta^{18}O$ 趋于稳定，构树枝条水 $\delta^{18}O$ 的最大值为–6.43‰，最小值为–9.63‰，变幅为 3.21‰，均值为–7.88‰，方差为 0.96；荆条枝条水 $\delta^{18}O$ 最大值为–8.41‰，最小值为–11.23‰，变幅为 2.82‰，均值为–9.81‰，方差为 0.99；孩儿拳头枝条水 $\delta^{18}O$ 最大值为–6.43‰，最小值为–10.10‰，变幅为 3.67‰，均值为–8.04‰，方差为 1.19。

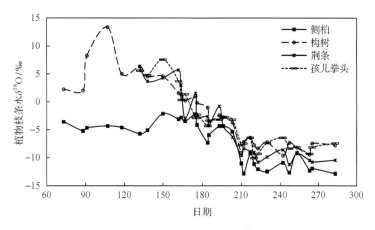

图 5-7　侧柏林内 4 种植物枝条水 $\delta^{18}O$ 季节变化

在整个观测期内，构树枝条水 $\delta^{18}O$ 的最大值为 13.37‰，最小值为–9.64‰，变幅为 23.01‰，均值为–1.71‰，方差为 6.03；荆条枝条水 $\delta^{18}O$ 最大值为 6.33‰，最小值为 –11.23‰，变幅为 17.56‰，均值为–4.46，方差为 5.92；孩儿拳头枝条水 $\delta^{18}O$ 最大值为 7.57‰，最小值为–10.10‰，变幅为 17.66‰，均值为–3.61，方差为 5.14。

对于乔木侧柏，在采样期 DAY60～DAY300 期间，从总体上看，侧柏枝条水同位素组成也可以分为三个阶段，但是侧柏三个阶段的划分与侧柏林分内灌木枝条的划分稍有差异，第一阶段为 DAY60～DAY180，这一阶段中，侧柏枝条水同位素组成 $\delta^{18}O$ 趋于稳定，数值较其他两个阶段数值高，侧柏枝条水 $\delta^{18}O$ 最大值为–2.09‰，最小值为–5.71‰，变幅为 3.62‰，均值为–3.91‰，方差为 1.16；第二阶段为 DAY180～DAY210，这一阶段的划分与灌木三种植物阶段划分一致，这一阶段中，侧柏枝条水 $\delta^{18}O$ 迅速下降，最大值为–4.33‰，最小值为–12.84‰，变幅为 8.51‰，均值为–6.68‰，方差为 3.22；第三阶段为 DAY210～DAY300，这一阶段中侧柏枝条水 $\delta^{18}O$ 趋于稳定，最大值为–9.37‰，最小值为–12.85‰，变幅为 3.67‰，均值为–11.47‰，方差为 1.34。在整个侧柏枝条水观测期内，最大值为–2.09‰，最小值为–12.85‰，变幅为 10.76‰，均值为–7.09‰，方差为 3.82。

可以看到，整体上，枝条水 $\delta^{18}O$ 灌木(荆条、构树、孩儿拳头)>乔木(侧柏)，枝条水 $\delta^{18}O$ 变幅灌木(荆条、构树、孩儿拳头)>乔木(侧柏)，三个阶段中，无论乔木还是灌木，枝条水 $\delta^{18}O$ 第一阶段>第二阶段>第三阶段，枝条水 $\delta^{18}O$ 变幅第二阶段>第一阶段>第三阶段。

5.4　植物蒸腾水汽稳定同位素组成影响因素

5.4.1　土壤含水量与植物水稳定同位素组成的关系

植物在蒸腾过程前，其吸收水分及水分在体内运输均不改变体内水分的 $\delta^{18}O$ 的富集或者亏损，且植物枝条水同位素组成可以表示植物利用源水(土壤水)同位素组成，通过判断植物枝条水 $\delta^{18}O$ 可以判断植物生长过程中源水(土壤水)的变化情况。

　　在 DAY60～DAY300 期间，由于几次短时间集中降雨量过大，林外降雨量气象数据部分缺失，同时为了探究研究区降雨量对林地表层土壤水同位素组成的影响，本章采用研究区样地内布设的 EM50 土壤分层(0～5 cm、5～10 cm、10～20 cm、20～40 cm、40～60 cm)三个参数(温度、湿度、电导率)中湿度数据代替研究区降雨量数据。考虑到乔木侧柏在利用土壤水分来源时相对于灌木植物会更倾向于利用更深层次的土壤水，因此，本章讨论侧柏林土壤含水量对植物枝条水同位素组成影响时，采用 5～10 cm 和 40～60 cm 土壤体积含水率表征林内降雨情况。

　　由图 5-8 可知，通过 5～10 cm 土壤容积含水率的变化，可以判断出在 DAY102、DAY130、DAY180、DAY197、DAY247 及 DAY270 这 6 次较为明显的降雨输入过程，其中，虽然在 DAY102、DAY130 降雨过程中，雨水的入渗改变了 0～5 cm、5～10 cm、10～20 cm 表层土壤体积含水率，但是对较深层次土壤(30～40 cm、40～60 cm)体积含水率未造成影响。

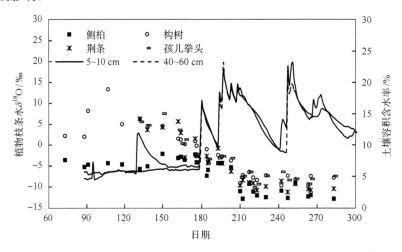

图 5-8　侧柏林土壤容积含水率(5～10 cm、40～60 cm)与植物枝条水 $\delta^{18}O$

　　对于构树、荆条、孩儿拳头三种灌木，在利用水分来源上，三种灌木由于根系较乔木浅，更多地利用表层土壤水分，结合 5～10 cm 土壤容积含水率曲线，我们发现，在 DAY130 降雨事件以后，三种灌木枝条水 $\delta^{18}O$ 开始明显下降，在 DAY130～DAY210 期间，伴随着多次明显降雨，三种植物枝条水同位素组成不断下降，这个阶段即为灌木植物枝条水同位素组成变化第二阶段，DAY210 以后，尽管存在多次明显的降雨输入，但是对于 DAY210～DAY300 观测期内的三种灌木枝条水同位素组成来说，虽然依然有影响，但是其同位素组成变化幅度远远小于第二阶段，并趋于稳定，这一阶段即为灌木植物枝条水同位素组成变化第三阶段。

　　对于乔木植物侧柏，由于其根系较三种灌木深，在水分利用来源上更倾向于利用深层次土壤水，结合 5～10 cm、40～60 cm 土壤容积含水率曲线发现，尽管在 DAY102、DAY130 存在降雨输入，但是两次降雨仅对表层土壤水分含量造成影响，未影响到 30～40 cm、40～60 cm 土壤，从 DAY180 开始有降水影响到深层土壤，这使得深层土壤容积含水率升高，与此同时，伴随着 DAY180～DAY210 期间的历次降雨，侧柏植物枝条水同位素组成开始下降，DAY180～DAY210 为侧柏植物枝条水同位素组成变化第二阶段。DAY210 以后虽然依然存在多次明显的降雨输入，但是 DAY210～DAY300 观测期内侧柏枝条水同位素组成变幅远小于第二阶段，并且趋于稳定，DAY210～DAY300 即为侧柏植物枝条水同位素组成变化第三阶段。

5.4.2　降水稳定同位素组成与植物水稳定同位素组成的关系

除土壤蒸发作用以外，降雨的输入会导致土壤水同位素组成改变，蒸发作用导致土壤水 $\delta^{18}O$ 富集，降雨的输入往往会导致土壤水同位素组成 $\delta^{18}O$ 降低，这是由于较低的降雨水 $\delta^{18}O$ 与相对较高的土壤水 $\delta^{18}O$ 不断混合的结果。植物从土壤中吸收水分，水分在植物体内运输的过程中，在未到达叶片之前不发生同位素分馏，植物枝条水代表其利用水源(本章中为土壤水)同位素组成，由于灌木和乔木根系分布空间规律、相同土壤层根系分布量及不同物种对土壤水吸收能力不同，造成同一地区不同乔木、不同灌木枝条水同位素组成存在差异。

DAY60～DAY300，在研究区收集降雨样品，将历次降雨雨水 $\delta^{18}O$ 与植物枝条水 $\delta^{18}O$ 作图(图 5-9)。

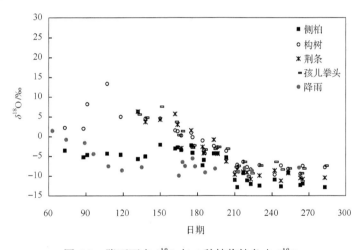

图 5-9　降雨雨水 $\delta^{18}O$ 与 4 种植物枝条水 $\delta^{18}O$

从图 5-9 可知，整体上，DAY60～DAY100 期间，降雨雨水 $\delta^{18}O$ 有所下降，DAY130～DAY300 期间，研究区降雨中雨水 $\delta^{18}O$ 较为稳定，对于 3 种灌木，DAY60～DAY130 这一阶段降雨较少，尽管 DAY102、DAY130 的降雨改变了表层(0～5 cm、5～10 cm、10～20 cm)土壤水容积含水率，影响表层土壤水同位素组成，但是未造成 3 种灌木枝条水 $\delta^{18}O$ 在这一阶段的变化，DAY60～DAY130 期间，表层(0～5 cm、5～10 cm、10～20 cm)土壤水 $\delta^{18}O$ 较高，由于植物吸收土壤中水分，对应的三种灌木枝条水 $\delta^{18}O$ 较高。

5.4.3　土壤水稳定同位素组成与植物水稳定同位素组成的关系

如图 5-10 所示，DAY130～DAY210 期间，随着时间的推移、降雨入渗土壤，土壤水 $\delta^{18}O$ 大于降雨雨水 $\delta^{18}O$，雨水与土壤水混合的结果是土壤中水 $\delta^{18}O$ 降低，尤其是

DAY130 明显降雨事件导致土壤水 $\delta^{18}O$ 开始降低，与此同时，三种灌木枝条水 $\delta^{18}O$ 开始下降，由于灌木根系相对于乔木根系浅，灌木更多、更早地利用表层土壤水，在 DAY130～DAY210 这一阶段中随着表层土壤水 $\delta^{18}O$ 的下降，三种植物枝条水 $\delta^{18}O$ 也逐渐下降。DAY210～DAY300 期间，尽管存在多次降雨，但是这一阶段土壤水同位素组成与降雨同位素组成几乎一致，因此降雨作用未对土壤水同位素组成产生更大的影响，导致了 DAY210～DAY300 这一阶段三种灌木枝条水同位素组成区域稳定，且接近土壤水同位素组成。

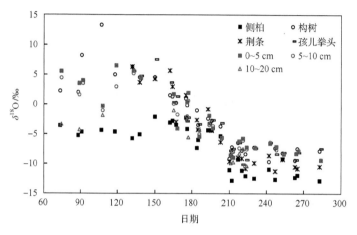

图 5-10　土壤水 $\delta^{18}O$ 与 4 种植物枝条水 $\delta^{18}O$

侧柏植株相对于三种灌木其根系更为发达，较灌木有更多机会利用深层次土壤水，因此 DAY60～DAY180 期间，尽管在 DAY102、DAY130 存在降雨输入，但是两次降雨仅对表层土壤水同位素组成造成影响，未影响到 30～40 cm、40～60 cm 处的土壤，因此 DAY60～DAY180 期间侧柏植株枝条水同位素组成保持一致，伴随着 DAY180～DAY210 期间的历次降雨，降雨水与 30～60 cm 处的土壤水开始混合，并造成对应层次土壤水同位素 $\delta^{18}O$ 下降，这导致侧柏植物枝条水 $\delta^{18}O$ 开始下降，DAY210 以后虽然仍然存在多次明显的降雨输入，但是这一阶段土壤水同位素组成与降雨同位素组成接近一致，因此降雨作用未对土壤水同位素组成产生更大的影响，但是由于侧柏植株可能利用更深层次的土壤水(>60 cm)，更深层次土壤水往往具有更低的同位素组成，第三阶段(DAY210～DAY300)侧柏枝条水同位素组成虽然区域稳定但是整体上较对应阶段土壤水同位素 $\delta^{18}O$ 低。

第6章 生态系统通量

本章节重点探讨 DAY60～DAY300 观测期内,利用侧柏蒸散水汽、土壤蒸发水汽及侧柏林内 4 种植物枝条水 $\delta^{18}O$ 计算地区植物蒸腾水汽进行地区植物蒸腾与蒸散分割的结果,同时通过树干液流计的连续观测,结合前人的研究,测算单株树木蒸腾量,以此为基础,寻找尺度扩展的科学方法,推导森林生态系统蒸腾量,根据同步观测的系统尺度水分通量中各组分比例构成,推算森林生态系统土壤蒸发量和蒸散量,量化表达水分通量的各个组分。

6.1 蒸散水汽稳定同位素组成

6.1.1 蒸散水汽稳定同位素组成日变化

以前的研究中对于大气水汽采样主要依赖冷阱技术,冷阱技术对于大气水汽稳定同位素的测量只能短暂或者间断地采样,造成大气水汽稳定同位素采样分析时分辨率较低,同时,在冷阱采样过程中容易产生过度冷却或者不完全冷却,往往导致收集的样品发生同位素富集,影响实验结果。在本实验中,依托首都圈森林生态系统定位观测站,构建了以水汽 $H_2^{18}O$、$HD^{16}O$ 和 $H_2^{16}O$ 气态水同位素分析仪(water vapor isotope analyzer,WVIA)以基础构建的大气水汽 $\delta^{18}O$ 原位连续观测系统作为核心手段,首次实现了北京山区侧柏林分大气水汽 $\delta^{18}O$ 高精度原位连续观测,大大提高了观测精度。由于生态系统的 δ_{ET} 难以直接测定,通常利用 Keeling Plot 曲线方法进行间接估计。利用水汽浓度与大气水汽同位素数据,结合 Keeling Plot 曲线图来确定系统蒸散水汽 δ_{ET}。

研究于 2016 年选择 4 个典型晴天(8 月 5 日、8 日、10 日、11 日),对研究区侧柏林不同高度的大气水汽浓度和其同位素值进行了观测,并用 Keeling Plot 曲线获得了典型晴天不同时间段内蒸散水及同位素值 δ_{ET}(表 6-1)。研究表明在尺度上,δ_{ET} 在 $-15.99‰$～$-10.04‰$ 之间,8 月 10 日和 11 日,δ_{ET} 倾向于日中时达到最大值;而 8 月 5 日和 8 日,δ_{ET} 并没有明显的日变化趋势。但 Keeling Plot 曲线的相关性均在日中时达到最大值。

表 6-1 两小时时间间隔内的 Keeling Plot 曲线

日期	时间	Keeling Plot 曲线	R^2	n	p	C.I. (95%)	
						降低	上升
	06:00 ~ 08:00	$y=-0.4421x-14.68$	0.64	360	<0.01	−15.41	−13.91
8 月 5 日	08:00 ~ 10:00	$y=-0.4151x-14.47$	0.75	360	<0.01	−15.05	−13.73
	10:00 ~ 12:00	$y=-0.3039x-12.09$	0.79	360	<0.01	−12.71	−11.44

日期	时间	Keeling Plot 曲线	R^2	n	p	C.I.(95%)	
						降低	上升
	12:00 ~ 14:00	$y=-0.4181x-13.25$	0.84	360	<0.01	−13.91	−12.54
	14:00 ~ 16:00	$y=-0.3971x-12.61$	0.82	360	<0.01	−13.25	−11.93
8月5日	16:00 ~ 18:00	$y=-0.2732x-12.47$	0.80	360	<0.01	−13.09	−11.83
	18:00 ~ 20:00	$y=-0.2733x-11.43$	0.71	360	<0.01	−11.88	−10.86
	20:00 ~ 22:00	$y=-0.2097x-10.47$	0.65	360	<0.01	−11.03	−9.93
	06:00 ~ 08:00	$y=-0.2463x-12.27$	0.81	360	<0.01	−12.91	−11.66
	08:00 ~ 10:00	$y=-0.2151x-11.83$	0.61	360	<0.01	−12.38	−11.21
	10:00 ~ 12:00	$y=-0.1195x-14.35$	0.64	360	<0.01	−15.08	−13.62
8月8日	12:00 ~ 14:00	$y=-0.2267x-11.83$	0.83	360	<0.01	−12.42	−11.21
	14:00 ~ 16:00	$y=-0.1096x-11.40$	0.86	360	<0.01	−11.97	−10.80
	16:00 ~ 18:00	$y=-0.2181x-11.91$	0.81	360	<0.01	−12.44	−11.29
	18:00 ~ 20:00	$y=-0.2775x-11.28$	0.77	360	<0.01	−11.82	−10.70
	20:00 ~ 22:00	$y=-0.3416x-11.04$	0.76	360	<0.01	−10.54	−9.51
	06:00 ~ 08:00	$y=-0.4552x-12.44$	0.73	360	<0.01	−13.10	−11.79
	08:00 ~ 10:00	$y=-0.4005x-11.95$	0.69	360	<0.01	−12.54	−11.28
	10:00 ~ 12:00	$y=-0.2171x-12.05$	0.81	360	<0.01	−12.53	−11.46
8月10日	12:00 ~ 14:00	$y=-0.3991x-12.28$	0.83	360	<0.01	−12.90	−11.64
	14:00 ~ 16:00	$y=-0.5153x-11.85$	0.80	360	<0.01	−12.44	−11.23
	16:00 ~ 18:00	$y=-0.3444x-11.47$	0.78	360	<0.01	−12.20	−11.15
	18:00 ~ 20:00	$y=-0.6199x-12.87$	0.76	360	<0.01	−13.52	−12.25
	20:00 ~ 22:00	$y=-0.3186x-12.53$	0.72	360	<0.01	−13.18	−11.93
	06:00 ~ 08:00	$y=-0.3178x-16.00$	0.76	360	<0.01	−16.79	−15.16
	08:00 ~ 10:00	$y=-0.1945x-15.14$	0.81	360	<0.01	−15.89	−14.36
	10:00 ~ 12:00	$y=-0.3378x-11.93$	0.86	360	<0.01	−12.53	−11.29
8月11日	12:00 ~ 14:00	$y=-0.2092x-12.20$	0.85	360	<0.01	−12.81	−11.58
	14:00 ~ 16:00	$y=-0.1938x-12.30$	0.84	360	<0.01	−12.97	−11.66
	16:00 ~ 18:00	$y=-0.1778x-13.53$	0.80	360	<0.01	−14.20	−12.84
	18:00 ~ 20:00	$y=-0.1769x-14.58$	0.80	360	<0.01	−15.33	−13.83
	20:00 ~ 22:00	$y=-0.1937x-14.09$	0.72	360	<0.01	−14.79	−13.35

6.1.2　蒸散水汽稳定同位素组成季节变化

在 DAY90～DAY300 观测期内，共选取 24 天晴天进行植物、土壤样品采集，对对应时刻大气水汽 $\delta^{18}O$ 与大气水汽浓度倒数作图，所拟合的直线在 y 轴的截距即为蒸散水汽同位素组成 δ_{ET}，部分代表日拟合的结果见表 6-2。图 6-1 为观测期内部分代表日（DAY125、DAY169、DAY171、DAY244）（12:00～15:00）侧柏林 18 m 处大气水汽 $\delta^{18}O$ 及对应的大气水汽浓度倒数之间的线性拟合关系。

表 6-2　部分代表日侧柏林蒸散水汽 δ_{ET}

日期	δ_{ET}/‰	日期	δ_{ET}/‰	日期	δ_{ET}/‰	日期	δ_{ET}/‰
107	−12.23	175	−18.30	210	−15.95	242	−18.60
118	−16.11	176	−16.58	212	−14.62	247	−14.66
132	−15.60	185	−12.64	217	−16.47	253	−14.81
138	−12.52	193	−7.56	220	−16.87	263	−16.30
164	−21.95	196	−19.09	223	−18.96	265	−18.90
167	−15.43	203	−19.49	230	−21.09	283	−15.09

图 6-1 选取的是在观测期（DAY90～DAY300）内，部分代表日（12:00～15:00）侧柏林分内大气水汽同位素 $\delta^{18}O$ 与相应的水汽浓度倒数之间的关系曲线和拟合方程，拟合曲线方程中的截距即为对应时刻系统蒸散水汽 δ_{ET}，DAY125、DAY 169、DAY171、DAY244 对应的蒸散水汽 δ_{ET} 值为−14.44‰、−15.43‰、−17.16‰、−17.63‰，从图 6-1 中可见，二者的线性相关关系显著，这表明利用 Keeling Plot 曲线方法在本研究区中可行，同时表明，基于大气水汽稳定同位素组成的原位监测数据，估算系统蒸散 δ_{ET} 值可信。

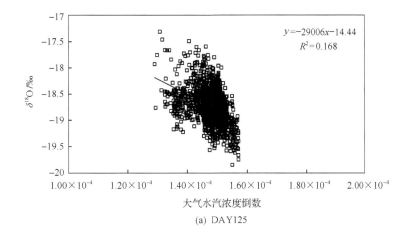

(a) DAY125

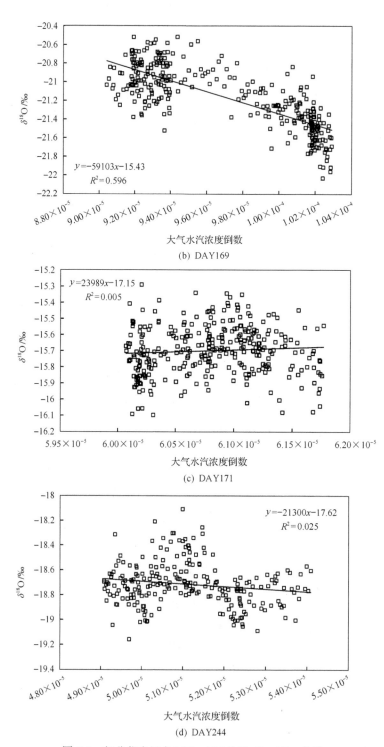

图 6-1　部分代表日 (12:00～15:00) Keeling Plot 曲线

通过图 6-1 可以看到,尽管大气水汽 $\delta^{18}O$ 与大气水汽浓度倒数间存在一定的关系,但是相关性方面存在差异,以往利用同位素技术分割地表蒸散的研究,其结果往往是建立在短时间尺度上的研究,在长时间尺度上,湿度、温度等其他不确定因素可能对利用 Keeling Plot 曲线法计算系统蒸散水汽 δ_{ET} 有较大的影响。

6.2　大气水汽稳定同位素组成的影响因素

6.2.1　降雨与大气稳定同位素组成的关系

由图 6-2 可知,降雨对大气水汽 $\delta^{18}O$ 有明显的影响,大气水汽 $\delta^{18}O$ 的波动尤其是大气水汽 $\delta^{18}O$ 的下降与降雨过程密切相关,0.05 m 和 18 m 处大气水汽 $\delta^{18}O$ 随着降雨过程发生规律性的起伏变化,降雨后大气水汽 $\delta^{18}O$ 明显降低,这是由于在降雨过程中,水汽的冷凝消耗了大气中大量的 $\delta^{18}O$,其大气水汽 $\delta^{18}O$ 降低,在此研究中,大气水汽 $\delta^{18}O$ 的降幅与降雨量无明显关系,大气水汽 $\delta^{18}O$ 降低也暗示了在本区域的降水中,有部分水汽来源于本地水汽贡献。

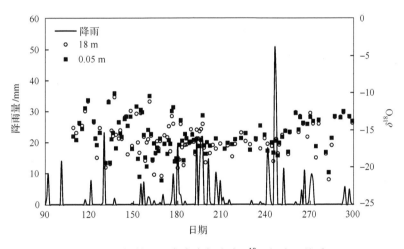

图 6-2　侧柏不同高度大气水汽 $\delta^{18}O$ 与降雨关系

6.2.2　大气水汽浓度与大气稳定同位素组成的关系

由图 6-3 可知,在 DAY90~DAY300 观测期内,大气水汽 $\delta^{18}O$(0.05 m 和 18 m)与大气水汽浓度(0.05 m 和 18 m)呈现出一定的相关关系,对大气水汽浓度与大气水汽 $\delta^{18}O$ 作图(图 6-4)。

由图 6-4 可知,在 DAY90~DAY300 观测期内,0.05 m 处大气水汽浓度与大气水汽 $\delta^{18}O$ 的关系曲线为 $\delta^{18}O=3\times10^{-5}\times W_{水汽浓度}-16.55$,$R^2=0.04$;18 m 处大气水汽浓度与对应的大气水汽 $\delta^{18}O$ 关系曲线为 $\delta^{18}O=1\times10^{-5}\times W_{水汽浓度}-16.20$,$R^2=0.005$,曲线的结果表明,在全年观测阶段内,尽管大气水汽浓度与大气水汽 $\delta^{18}O$ 存在一定的正相关关系,但其相关性不强。在全年观测期间内大气水汽 $\delta^{18}O$ 与水汽混合比(mmol/mol)之间的关系表明,水汽混合比与

大气水汽 $\delta^{18}O$ 呈现对数-线性关系，有研究表明，最小二乘法回归方程可以解释大气水汽 $\delta^{18}O$ 变异的 79%，$\delta^{18}O$ 与水汽混合比的对数-线性依赖关系在一定程度上可以利用气团平流过程中的瑞利分馏理论来解释（Lee et al.，2005），但在本书研究中，回归方程可以解释 DAY90～DAY300 观测期内大气水汽 $\delta^{18}O$ 变异的 4%（0.05 m）和 0.5%（18 m），这表明在本研究区，全年观测阶段结果利用瑞利分馏理论可能不是解释大气水汽 $\delta^{18}O$ 变异的主要机制。

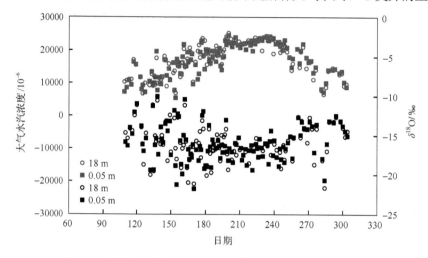

图 6-3   不同高度处侧柏大气水汽 $\delta^{18}O$ 与大气水汽浓度变化

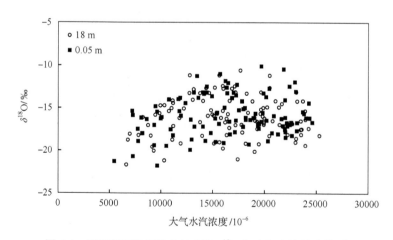

图 6-4   不同高度处侧柏大气水汽 $\delta^{18}O$ 与大气水汽浓度关系

6.2.3   大气温度与大气稳定同位素组成的关系

由图 6-5 可知，在 DAY90～DAY300 观测期内，大气水汽 $\delta^{18}O$（0.05 m 和 18 m）与大气气温呈现出较为明显的负相关关系，即伴随着大气水汽浓度的升高或降低，侧柏林大气水汽 $\delta^{18}O$ 则出现相应的降低或者升高，对大气温度与大气水汽 $\delta^{18}O$ 作图，见图 6-6。

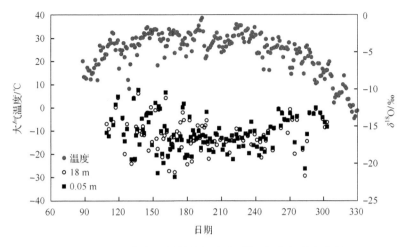

图 6-5　不同高度处侧柏大气水汽 $\delta^{18}O$ 与大气温度变化

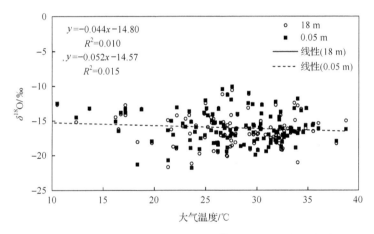

图 6-6　不同高度处侧柏大气水汽 $\delta^{18}O$ 与大气温度的关系

由图 6-6 可知，在 DAY90～DAY300 观测期内，0.05 m 处大气水汽 $\delta^{18}O$ 与大气温度的关系曲线为 $\delta^{18}O=-0.04\times T_{大气温度}-14.8$，$R^2=0.01$；18 m 处大气 $\delta^{18}O$ 与气温关系曲线为 $\delta^{18}O=-0.05\times T_{大气温度}-14.57$，$R^2=0.01$，曲线的结果表明，在全年观测阶段内，尽管大气水汽浓度与大气水汽 $\delta^{18}O$ 存在一定的负相关关系，但其斜率及 R^2 均较低。这与石俊杰等（2012）对北京地区农田大气水汽稳定同位素 $\delta^{18}O$ 与大气气温的研究结果一致，但在其观测期内（2011 年 4 月 19 日～6 月 13 日），其研究结果表明麦田大气水汽稳定同位素 $\delta^{18}O$ 与大气温度表现显著的正相关，大气水汽 $\delta^{18}O$ 与气温的关系曲线为 $\delta^{18}O=0.56\times T_{大气温度}-29.35$，$R^2=0.29$。

6.2.4　水汽压亏缺 VPD 与大气稳定同位素组成的关系

由图 6-7 可知，在 DAY90～DAY300 观测期内，大气水汽 $\delta^{18}O$（0.05 m 和 18 m）与大气水汽压亏缺 VPD 呈现出较为明显的负相关关系，即伴随着大气水汽压亏缺的升高或降低，侧柏林大气水汽 $\delta^{18}O$ 则出现相应的降低或者升高，对大气温度与大气水汽 $\delta^{18}O$ 作图得图 6-8。

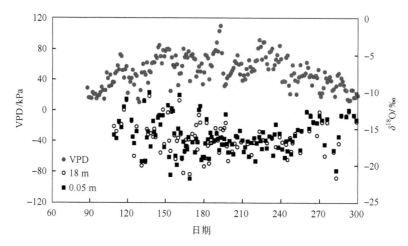

图 6-7 不同高度处侧柏大气水汽 $\delta^{18}O$ 与大气水汽压亏缺 VPD 变化

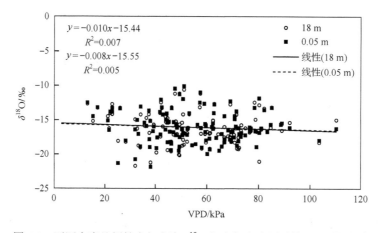

图 6-8 不同高度处侧柏大气水汽 $\delta^{18}O$ 与大气水汽压亏缺 VPD 的关系

由图 6-8 可知，在 DAY90～DAY300 观测期内，0.05 m 处大气水汽 $\delta^{18}O$ 与大气水汽亏缺的关系曲线为 $\delta^{18}O=-0.009\times VPD-15.6$，$R^2=0.005$；18 m 处大气 $\delta^{18}O$ 与气温关系曲线为 $\delta^{18}O=-0.01\times VPD-15.4$，$R^2=0.008$，曲线的结果表明，在观测阶段内，尽管大气水汽浓度与大气水汽 $\delta^{18}O$ 存在一定的负相关关系，但其斜率及 R^2 均较低，这与石俊杰等(2012)对北京地区农田大气水汽稳定同位素 $\delta^{18}O$ 与大气水汽压亏缺的研究结果一致，在其观测期内(2011 年 4 月 19 日～6 月 13 日)，其研究结果表明麦田大气水汽稳定同位素 $\delta^{18}O$ 与大气温度表现显著线性相关，大气水汽 $\delta^{18}O$ 与大气水汽压亏缺的关系曲线的相关系数为 0.69，相关性较本书研究结果显著。

6.3　基于 LAS 森林生态系统蒸散通量的计算

6.3.1　蒸散组分特征

1. 平原区

利用 PT-Fi 模型将蒸散分为土壤蒸发和植被蒸腾两个组分，研究时段内总蒸散量532.92 mm（LAS 方法）；植被蒸腾量 394.48 mm，所占比例为 74.02%；土壤蒸发量 138.44 mm，所占比例为 25.98%。对各组分在不同时间（月）所占比例进行统计，见表 6-3 和图 6-9。

由图 6-10（a）可知，蒸散组分（植被蒸腾和土壤蒸发）均呈现规律性变化，即从 4 月开始逐渐增大，8 月达到最大，随后逐渐减小。由图 6-10（b）可知，植被蒸腾占总蒸散的比例从 4 月开始逐渐增加，7 月和 8 月接近，9 月开始逐渐下降；土壤蒸发比例则呈现相反的变化规律。研究区内 4 月植被开始缓慢生长，植被生理活动逐渐加强，7 月、8 月植被生理活动达到高峰期，而后逐渐减弱，因此植被蒸腾强度呈现出逐渐上升，9 月开始逐渐下降的趋势。土壤蒸发主要受温度和水分来源影响，而温度和水分的变化规律也呈现出从 4 月开始逐渐上升，7 月、8 月达到最大，随后减小的趋势，但温度的变化幅度有限，且随着植被生长，土壤表面温度由于植被的覆盖，其温度上升程度有限，因此土壤蒸发上升的幅度有限。4 月下垫面蒸散总量仅为 16 mm，而土壤蒸量发为 9.07 mm，因此土壤蒸发比例大于植被蒸腾，而随着温度上升，植被蒸腾活动加强，植被蒸腾量急剧上升，

表 6-3　2013 年蒸散组分分布

	4 月	5 月	6 月	7 月	8 月	9 月	10 月	11 月	总量	比例
植被蒸腾/mm	6.98	37.32	51.65	90.14	98.64	76.79	26.81	6.15	394.48	0.74
土壤蒸发/mm	9.07	16.77	18.15	24.69	29.13	18.01	15.41	7.22	138.44	0.26
ET-LAS/mm	16.05	54.08	69.79	114.83	127.77	94.80	42.22	13.37	532.92	1.00

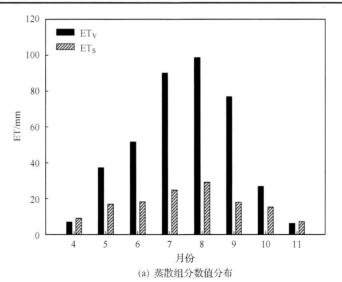

(a) 蒸散组分数值分布

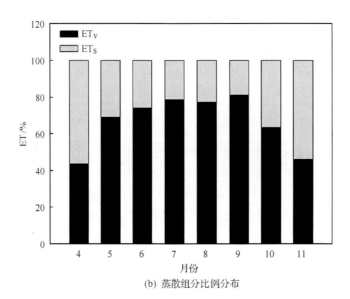

(b) 蒸散组分比例分布

图 6-9　2013 年蒸散组分分布

ET_v 为植被蒸腾；ET_s 为土壤蒸发

但土壤蒸发量增量却有限，因此植被蒸腾比例上升，而土壤蒸发比例下降。9 月开始出现相反的现象，即植被蒸腾和土壤蒸发均下降，但植被蒸腾速率大于土壤蒸发速率，因此土壤蒸发比例逐渐增加。

2. 山区

采用与 4.4 节中相同的方法，将蒸散分为土壤蒸发和植被蒸腾两个组分，分析 2010 年 7 月～2012 年 12 月两年半内蒸散组分的变化规律。研究时段内植被蒸腾和土壤蒸发量见表 6-4～表 6-7，由表可知，在 2010 年 7 月～2012 年 12 月两年半期间，植被蒸腾和土壤蒸发所占比例在长时间序列来看相对稳定，植被蒸腾量全年(半年)比例为 70%左右，而土壤蒸发为 30%左右。将蒸散不同组分随时间变化情况进行统计，见图 6-10。

表 6-4　蒸散组分分布特征

时间段	蒸散总量/mm	植被蒸腾/mm		土壤蒸发/mm	
		蒸腾量/mm	比例/%	蒸腾量/mm	比例/%
2010 年 7 月～2010 年 12 月	470.65	348.56	74.06	122.09	25.94
2011 年 1 月～2011 年 12 月	629.87	435.92	69.21	193.95	30.79
2012 年 1 月～2012 年 12 月	642.35	454.17	70.71	188.18	29.29

表 6-5　2010 年蒸散组分分布

	7 月	8 月	9 月	10 月	11 月	12 月	总量	比例/%
植被蒸腾/mm	32.54	36.46	26.90	14.38	4.87	6.94	122.08	26
土壤蒸发/mm	122.41	122.05	72.72	25.57	4.49	1.32	348.56	74
ET-LAS/mm	154.95	158.50	99.62	39.96	9.36	8.26	470.65	100

表 6-6　2011 年蒸散组分分布

	1月	2月	3月	4月	5月	6月	7月	8月	9月	10月	11月	12月	总量	比例/%
植被蒸腾/mm	7.41	9.04	9.24	12.14	12.62	22.84	36.71	31.01	20.95	14.36	4.92	7.70	188.94	30
土壤蒸发/mm	1.01	1.12	4.55	9.54	23.44	58.72	122.88	124.06	66.33	22.46	5.12	1.69	440.92	70
ET-LAS/mm	8.42	10.16	13.79	21.68	36.06	81.56	159.59	155.07	87.28	36.81	10.05	9.39	629.87	100

表 6-7　2012 年蒸散组分分布

	1月	2月	3月	4月	5月	6月	7月	8月	9月	10月	11月	12月	总量	比例/%
植被蒸腾/mm	8.83	9.85	10.42	13.28	16.12	20.20	33.60	28.06	26.64	13.56	5.55	7.07	193.17	30
土壤蒸发/mm	0.98	1.47	4.47	8.14	26.30	57.48	134.39	119.63	65.23	25.19	4.02	1.88	449.17	70
ET-LAS/mm	9.81	11.32	14.89	21.42	42.42	77.68	167.99	147.69	91.87	38.75	9.57	8.95	642.35	100

由图 6-10 可知，蒸散两个组分的变化趋势与 4.4 节中相似，但具体数值存在差异。

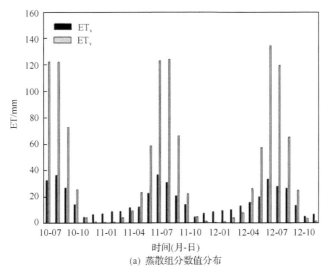

(a) 蒸散组分数值分布

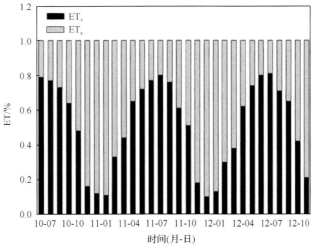

(b) 蒸散组分比例分布

图 6-10　蒸散组分分布

ET_v 为植被蒸腾；ET_s 为土壤蒸发

6～10 月期间，在平原区植被蒸腾所占比例略大于山区植被所占比例，对应的则是土壤蒸发比例平原区小于山区。其可能原因在于平原区水分供应充分，降水后水分主要以地下水的形式存储下来，植被蒸腾时水分来源充足；而在山区由于地形因素，一方面水分来源较少；另一方面，下垫面存在少量裸露地表，其表面蒸发明显大于植被覆盖的下垫面，且山区植被组成复杂，地表覆盖度随时间变化大。

6.3.2　基于 LAS 的平原区蒸散总量及精度分析

涡度相关系统(EC)是公认用于测定平坦下垫面蒸散特征的有效手段，SEBAL 模型也常用于估算地表蒸散。由于 LAS 估算尺度介于 EC 和 SEBAL 之间，本章选择两种方法来比较基于 LAS 的蒸散量，并有学者做过相关的尝试，研究表明(贾贞贞等，2010；刘雅妮等，2010；张劲松等，2010；Liu et al，2011)，LAS 与 EC 和 SEBAL 均有较好的吻合度。由图 6-11 可知，三种计算方法具有相同的变化趋势，可分为两个变化阶段：从 4 月开始逐渐上升，8 月达到最大值，随后逐渐降低，11 月最小(研究时段内最小)，将三种方法 6 个阶段内的上升斜率(或下降斜率)、直线方程及 R^2(图 6-11 中所示为基于 EC 方法计算值)统计于表 6-8。由图 6-12 及表 6-8 可知：ET-EC 随季节波动明显，4～6 月缓慢上升，7 月、8 月快速上升，9 月下降明显，10 月、11 月急剧下降至最小值，上升的直线斜率为 29.021，明显小于下降的直线斜率 45.993。ET-LAS 随季节波动也较为明显，但其 8 月的最大值小于 ET-EC，其全年变化过程也表现为上升斜率(28.418)显著小于下降斜率(39.579)。ET-SEBAL 随季节波动程度最小，但同样表现为上升斜率(16.49)小于下降斜率(28.415)。三种方法的对比(表 6-8)表明，斜率：EC>LAS>SEBAL(上升阶段和下降阶段均如此)，整个观测阶段的月均蒸散值的方差均较大，其原因在于全年尺度蒸散变化幅度大，冬季月蒸散值仅为 10～20 W/m²，而夏季达到了 140 W/m² 以上。三种计算方法的方差表现为 EC>LAS>SEBAL。三种方法计算结果差异性的原因可能在于：小尺度的环境因子变化对小气候影响很大，导致基于观测数据计算 ET 的 EC 方法观测结果波动大。

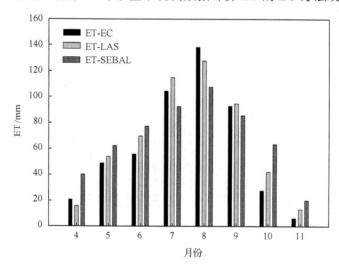

图 6-11　ET 量三种估算法的对比

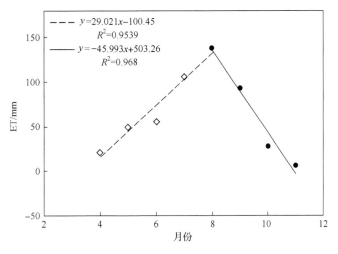

图 6-12　ET 月变化中的上升和下降趋势(EC)

EC 通过测量数据直接计算 ET,其对环境因子和植被生长变化最为敏感,在 4~11 月期间,植被生理活动变化剧烈,经历了从开始生长到几乎停止生长,尤其是占据主要地位的阔叶树种从发芽到展叶到茂盛再到落叶,平均 LAI 从 0.3 到 2.8 再到 0.5。LAS 基于能量平衡法,采用剩余法求算 ET,其对环境因子的敏感性弱于 EC 法,但其在一定程度上仍受到小环境的影响;而 SEBAL 虽然也将植被生长状况(引入 NDVI)考虑进去,但一方面遥感数据存在周期性,在采样期以外的时间只能采用尺度扩展的方法来得到日尺度及更大时间尺度的 ET,忽略了采样期以外环境因子的变化,另一方面,遥感估算对环境因子的敏感程度远远小于 EC 和 LAS;因此基于 LAS 的数据对环境因子仍然存在一定的敏感性,而 SEBAL 方法对环境因子的敏感性最弱,故在一个生长季中,ET 波动剧烈程度EC 最大,LAS 次之,SEBAL 最小。

表 6-8　三种计算方法中上升和下降阶段中趋势对比分析

方法	上升阶段			下降阶段			全年方差
	直线方程	斜率(绝对值)	R^2	直线方程	斜率(绝对值)	R^2	
EC	$y=29.021x-100.45$	29.021	0.9539	$y=-45.993x+503.26$	45.993	0.968	2101.60
LAS	$y=28.418x-94.002$	28.418	0.9731	$y=-39.579x+445.54$	39.579	0.9876	1859.05
SEBAL	$y=16.49x-22.847$	16.49	0.9931	$y=-28.415x+339.26$	28.415	0.9675	809.26

为了评价三种方法估算 ET 的差异性,采用式(6-1)和式(6-2)来描述月均和日均ET 量。

$$\text{RMSE}=\left[\frac{1}{n}\sum_{i=1}^{n}\left(\text{ET}_i-\text{ET}_{i\text{EC}}\right)^2\right]^{1/2} \qquad (6-1)$$

$$\text{MRE}=100\%\times\frac{1}{n}\sum_{i=1}^{n}\frac{\text{ET}_i-\text{ET}_{i\text{EC}}}{\overline{\text{ET}_{\text{EC}}}} \qquad (6-2)$$

式中,RMSE(root mean square error)为均方根误差,MRE(mean relative error)为平均相对误差。两者均用来描述实测值与真实值之间的差异,用于评价实测值的精度,本章以公认的高精度涡度相关仪测定值为基准,用 RMSE 和 MRE 来评价基于 LAS 和 SEBAL 模型估算的蒸散量。ET_i 为 LAS 或 SEBAL 估算的蒸散值,ET_{iEC} 为 EC 测定的蒸散值,$\overline{ET_{EC}}$ 为 EC 测定的蒸散平均值。

以 EC 方法为基准,分析 LAS 和 SEBAL 方法估算的蒸散特征,见表 6-9。蒸散总量 ET-EC(495.54 mm)<ET-LAS(532.92 mm)<ET-SEBAL(550.03 mm),RMSE 的月、日差异均表现为 ET-SEBAL 大于 ET-LAS,尤其是月尺度差异更加明显,ET-SEBAL 是 ET-LAS 的 225%,这表明从 RMSE 的角度分析,ET-LAS 与 ET-EC 更接近。MRE 与 RMSE 相反,ET-SEBAL 小于 ET-LAS,月尺度 SEBAL 仅为 LAS 的 45.8%,由式(6-2)可知,在计算 MRE 时,存在正负相抵的情况,因此对于数据量较大的日尺度 MRE,ET-SEBAL 明显小于 ET-LAS,MRE 更接近,这表明 ET-SEBAL 估算结果与 ET-EC 存在更多的上下波动情况。

表 6-9　大孔径闪烁仪和 SEBAL 模型估算蒸散值与涡度相关仪的对比

方法	总量/mm	RMSE/mm		MRE/%		R^2
		月	日	月	日	
ET-SEBAL	550.03	21.2800	0.8839	3.45	2.37	0.8797
ET-LAS	532.92	9.4682	0.8201	7.54	3.52	0.9649
ET-EC	495.54	0	0	0	0	1

6.3.3　基于 LAS 的山区蒸散总量及精度分析

采用基于大孔径闪烁仪测定蒸散和 SEBAL 模型估算蒸散两种方法来分析山区复杂地形的蒸散量,并对两种方法的求算精度进行对比分析,对于缺失的数据采用插值法并结合波文比及大型蒸渗仪的数据进行补值,分析结果见图 6-13。由图 6-13 可知,两种估算方法具有相同的变化趋势,但在不同月份具有不同的值,从月份差异的分布来看仍具有明显的规律性,即从生长季开始(6 月)至生长季结束(10 月),LAS 方法计算结果与 SEBAL 方法估算结果相比其变化情况为先小后大,再变小;而在非生长季多为 LAS 小于 SEBAL,但在不同时期两种计算方法的差值也存在变化。即从最低值上升到最高值,再从最高值降低到最低值的变化过程。

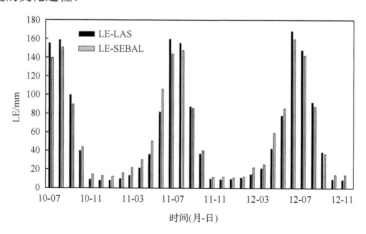

图 6-13　不同计算方法下 LE 估算结果比较

　　以 2011 年和 2012 年两个完整的年份为例，分析生长季与非生长季期间两种计算方法的差异，见表 6-10 和表 6-11，两种方法估算结果总量在两个完整年份中均表现为 SEBAL 大于 LAS，而在生长季中 LAS 大于 SEBAL，非生长季表现为 SEBAL 大于 LAS；但从生长季蒸散量占全年比例来看，LAS 大于 SEBAL。两种估算方法的差异主要来源于计算原理的差异，LAS 计算方法侧重于微观的、小尺度的测量对象，与微地形及小气候的相关性更高，而 SEBAL 则是与大尺度的气候及地貌具有更高的相关性（刘朝顺，2008；张殿君，2011）（应用两种方法同时来估算复杂地表的蒸散，也是基于用 LAS 方法来提高 SEBAL 估算精度的目的）。因此，在生长季，植被生理活动旺盛，蒸散现象发生剧烈，对小气候及微地貌敏感的 LAS 方法也更能体现出植被生理活动的变化；与之相反的是，当非生长季植被生理活动降低时，LAS 方法对蒸散的敏感性降低。SEBAL 估算方法则存在相反的效应，在夏季对植被生理活动的敏感性不如 LAS，从全年的变化情况来看，SEBAL 方法不如 LAS 方法剧烈。

表 6-10　2011 年两种计算方法结果在生长季和非生长季的对比

	占全年比例		变化趋势		总量
	生长季	非生长季	生长季	非生长季	
LAS	76.76%	23.24%	+	−	−
SEBAL	71.06%	28.95%	−	+	+

注：+表示该方法计算结果大于另一种方法的计算结果；−表示该方法计算结果小于另一种方法的计算结果。

表 6-11　2012 年两种计算方法结果在生长季和非生长季的对比

	占全年比例		变化趋势		总量
	生长季	非生长季	生长季	非生长季	
LAS	75.54%	24.46%	+	−	−
SEBAL	70.68%	29.32%	−	+	+

注：+表示该方法计算结果大于另一种方法的计算结果；−表示该方法计算结果小于另一种方法的计算结果。

6.4　基于稳定同位素技术区分森林蒸散通量计算

6.4.1　水分通量组分比例构成

　　通过对实验样地内多点定位与连续原位观测，基于不间断的野外样品采集分析，通过系统测定与分析大气水汽 $\delta^{18}O$、植物枝条水 $\delta^{18}O$、表层土壤水 $\delta^{18}O$，结合水分在土壤-植被-大气界面转化为水汽的稳定同位素计算公式，对研究区系统蒸散水汽 δ_{ET}、植物蒸腾水汽 δ_T、土壤蒸发水汽 δ_E 量化计算，进而通过氢氧稳定同位素定量表达系统尺度水分通中各个组分比例构成及其变化过程。

　　在本研究区中，选取侧柏林分共存在侧柏、孩儿拳头、荆条、构树 4 种木本植物，林下几乎无草本植物生长，由于植物蒸腾水汽是由该 4 种植物共同影响（孙守家，2015），整个生态系统中，生长季节（5～10 月）侧柏植株约占总盖度的 60.2%，孩儿拳头盖度约占总盖度的 13.5%，构树约占总盖度的 11.3%，荆条盖度约占总盖度的 15.0%，因此在本森林生态系统中，总的植物蒸腾水汽同位素组 δ_{TOTAL} 为

$$\delta_{\text{TOTAL}} = 0.602\,\delta_{\text{CB}} + 0.135\,\delta_{\text{HEQT}} + 0.113\,\delta_{\text{GS}} + 0.15\,\delta_{\text{JT}}$$

式中，δ_{CB}、δ_{HEQT}、δ_{GS}、δ_{JT} 分别为侧柏、孩儿拳头、构树、荆条 4 种林内植物蒸腾水汽同位素组成。

在同位素稳态假设情况下，侧柏林分植物蒸腾水汽同位素组成 $\delta_T = \delta_{\text{TOTAL}}$，表 6-12 为利用侧柏蒸散水汽 δ_{ET}、土壤蒸发水汽 δ_E 及侧柏林内 4 种植物枝条水 $\delta^{18}\text{O}$ 计算地区植物蒸腾水汽 δ_T 进行地区植物蒸腾与蒸散分割的结果，由表可以看到，在观测期内，侧柏林分内植物蒸腾水汽 δ_T 占地区蒸散 $\delta_{\text{ET-5 cm}}$ 的比例最大值为 90.07%，最小值为 59.03%，变幅为 31.05%，均值为 78.30%，方差为 0.09；侧柏林分内植物蒸腾水汽 δ_T 占地区蒸散 $\delta_{\text{ET-10 cm}}$ 的比例最大值为 90.07%，最小值为 59.03%，变幅为 31.05%，均值为 78.20%，方差为 0.09。$F_{\text{T-5 cm}}$ 与 $F_{\text{T-10 cm}}$ 差异很小，综合侧柏林分内植物生长状况及观测期内降雨、植被空间分布等因素考虑，分割比例在合理范围内。

表 6-12　利用 $\delta^{18}\text{O}$ 分割侧柏地表蒸散结果 F_T

日期	$\delta_{\text{E-5 cm}}$/‰	$\delta_{\text{E-10 cm}}$/‰	δ_{ET}/‰	$\delta_{\text{T-CB}}$/‰	$\delta_{\text{T-GS}}$/‰	$\delta_{\text{T-HEQT}}$/‰	$\delta_{\text{T-JT}}$/‰	δ_T/‰	$F_{\text{T-5 cm}}$/%	$F_{\text{T-10 cm}}$/%
DAY107	−36.96	−36.75	−12.23	−4.34	13.37	—	—	−1.10	69.39	68.79
DAY118	−41.29	−42.11	−16.11	−4.61	5.02	—	—	−2.21	66.52	65.15
DAY132	−36.73	−36.62	−15.60	−5.71	6.33	5.60	6.33	−1.01	59.03	59.03
DAY138	−34.43	−34.35	−12.52	−5.07	4.56	4.79	3.69	−1.33	66.10	66.10
DAY185	−40.54	−40.84	−12.64	−5.96	−3.47	−3.35	−4.25	−5.07	78.83	78.83
DAY217	−65.70	−71.48	−16.47	−9.25	−6.43	−6.43	−8.95	−8.50	87.34	87.34
DAY220	−66.08	−76.50	−16.87	−11.12	−7.75	−10.10	−9.10	−10.30	90.07	90.07
DAY223	−49.93	−52.38	−18.96	−12.04	−8.34	−9.33	−10.79	−11.07	80.89	80.89
DAY230	−48.17	−49.22	−21.09	−12.46	−7.23	−7.36	−9.87	−10.79	73.19	73.19
DAY263	−56.33	−57.91	−16.30	−12.30	−9.43	−9.33	−10.50	−11.30	89.27	89.27
DAY283	−33.70	−33.81	−15.09	−12.85	−7.81	−7.43	−10.45	−11.19	82.76	82.76

对 DAY90～DAY300 采样期侧柏植物蒸腾、土壤蒸发占蒸散比例作图得到图 6-14，总体来看，植被蒸腾占蒸散比例呈现由低上升至稳定的过程，第一阶段为 DAY90～DAY180，本阶段植被蒸腾占蒸散比例较低，可能是由于处于植物生长阶段前期，植物生长缓慢，导致整体上本阶段中植被蒸腾占蒸散比例较低，第二阶段为 DAY180～DAY210，本阶段中，观测到的植被蒸腾占蒸散比例逐步上升，对比对应阶段植物生长阶段、大气降水、土壤水和植被蒸腾水汽 $\delta^{18}\text{O}$ 规律，不难发现，在本阶段中，降雨不断输入，且降雨影响到较深层次土壤，造成该地区主要植被——侧柏，生长加速。不仅如此，林下三种灌木荆条、构树、孩儿拳头也开始加速生长，伴随着主要植被的快速生长，本阶段植被蒸腾占蒸散比例逐步上升。第三阶段为 DAY210～DAY300，在本阶段中，植被蒸腾占蒸散比例维持稳定，本阶段植被生长进入旺盛季节，导致该阶段植被蒸腾占蒸

散比值较高。

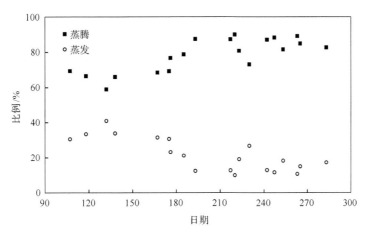

图 6-14　利用 $\delta^{18}O$ 分割系统蒸腾、蒸发占蒸散的比例

在本章研究中，植被蒸腾占蒸散比例均值为 78.30%，这与亚马逊盆地森林蒸腾占整个蒸散的 76%~100%、麦田生态系统蒸腾占蒸散比例达到 96%~98% 相比，侧柏林植被蒸腾占蒸散比例较小，可能原因有两个：一是相对于农田及热带雨林，针叶树种侧柏蒸腾速率较小，这直接导致侧柏林蒸腾占蒸散比例小于以上两个地区；二是考虑到利用 Keeling Plot 曲线的应用条件及同位素稳态的假设，想要实现更高精度的比例区分，需要提高采样频率及增加对满足假设条件时刻的观测，δ_E、δ_T 及 δ_{ET} 的测定数量的增加可以有效减少二元线性混合模型不确定性。

6.4.2　单株蒸散通量区分

根据 Granier 提出的经验公式(Granier，1987；Granier et al.，1990)，计算植物液流速率，该经验公式如下：

$$F_d = 0.0119K^{1.231} \tag{6-3}$$

$$K = \left(\Delta T_{max} - \Delta T\right)/\Delta T \tag{6-4}$$

式中，ΔT 为探针的温差，可从数据采集器直接获得；F_d 流速率，$g/(cm^2 \cdot s)$，即单株树木液流密度；T 是加热探针和数据传感探针温度差，℃；ΔT_{max} 是每一天中最大的温度差，℃，单株样树日蒸腾耗水量为

$$F_s = \frac{F_d \times A_s \times 3600}{1000} \tag{6-5}$$

式中，F_s 为单株侧柏植株蒸腾耗水量，kg/h；F_d 为液流速率，$g/(m^2 \cdot s)$；A_s 为导水边材部分的横截面积，cm^2。

根据史宇(2011)对观测样地的调查，通过对线性、指数、多项式、幂等方程形式进

行对比，得到本研究区侧柏树木边材面积与侧柏树木胸径的关系曲线方程：

$$A_s = 0.5427 \times D^{2.0979} \tag{6-6}$$

式中，$R^2=0.99$，$p<0.001$，$n=10$；A_s 为侧柏导水边材面积，cm^2；D 为树木胸径，cm。

在连续观测过程中，观测频率为 10 min 次采集一个温差平均值，进而可以每 10 min 得到一个液流速率平均值，一天中可以得到 144 个以 10 min 为间隔的液流速率平均值，这样可以得到一天中侧柏单株耗水量 W_s(g/h)：

$$W_s = \frac{1}{6}\sum_{i=1}^{144} F_{si} \tag{6-7}$$

林木蒸腾量从单株尺度到林分尺度的扩展，采取胸径作为纯量来推求林分尺度的蒸腾量，侧柏林分蒸腾量推求公式如下：

$$T = \frac{\sum_{i=1}^{m}(Q_i \times A_{si} \times 1800)}{A_{area}} \times 10^{-9} \tag{6-8}$$

式中，T 为林分尺度的日蒸腾量，mm/d；Q_i 为第 i 径阶样树液流量之和，cm^3；m 为径阶分级数目；A_{si} 为第 i 径阶数目边材面积之和；A_{area} 为样地面积，km^2。

根据史宇(2011)在本研究区的研究，通过对本研究区灌木植株茎干液流通量观测，在当日变化中，灌木蒸腾量约占乔木蒸腾量的 10%，本章中对于灌木蒸腾量采用此比例进行估算，即灌木蒸腾量约为侧柏植株蒸腾量的 10%，灌木与侧柏蒸腾量之和即为该系统植物蒸腾量。

6.4.3 林分蒸散通量区分

由于本章中基于稳定同位素技术对侧柏林水分通量组分比例计算时存在稳态假设，即认为植物蒸腾水汽同位素组成在植物蒸腾速率较大时成立，研究表明植物处于正午时刻(12:00~15:00)时稳态假说成立(袁国富等，2010)，因此文中所得到的侧柏水分通量组分比例为对应时刻(12:00~15:00)的植物蒸腾占该时刻系统蒸散比例。

根据 7.2.1 小节中涉及的公式，得出了利用热脉冲茎流数据依靠尺度扩大的方法公式(6-8)，计算全天植物蒸腾量 $T_日$(mm)及处于稳态假设下植物蒸腾量 $T_{12:00~15:00}$(mm)，结果如表 6-13 所示。

由表 6-13 可知，在 DAY107~DAY283 观测期内，采样当天植物日蒸腾量 $T_日$介于 0.12~1.42 mm 之间，12:00~15:00 植物蒸腾总量 $T_{12:00~15:00}$ 介于 0.01~0.46 mm 之间，同时，随着时间的推移，侧柏林分日蒸腾量及侧柏 12:00~15:00 蒸腾量均表现出逐渐上升至最大随后下降的规律，这表明了植物蒸腾量在一年内的变化趋势，从另一个角度反映了植被全年生长强度的变化。

表 6-13　采样期侧柏林分日蒸腾量变化

日期	植物日蒸腾量 $T_日$/mm	植物蒸腾量 12:00~15:00$T_{12:00~15:00}$/mm	$T_{12:00\text{-}15:00}/T_日$
DAY107	0.23	0.04	0.18
DAY118	0.12	0.02	0.15
DAY132	0.54	0.19	0.35
DAY138	0.31	0.10	0.32
DAY185	0.18	0.06	0.34
DAY217	1.27	0.40	0.31
DAY220	1.38	0.45	0.33
DAY223	1.42	0.46	0.32
DAY230	1.06	0.43	0.40
DAY263	0.97	0.41	0.42
DAY283	0.94	0.37	0.39

通过对侧柏林分 $T_{12:00\text{-}15:0}/T_日$发现，DAY107、DAY118 两次观测中，中午系统蒸腾量占 $T_日$比值较小，原因可能是该时期处于植物生长初期，植物蒸腾量很小，随着时间推移，植物蒸腾逐渐增强，尤其是 12:00~15:00 时期植物处于全天中更加强烈的蒸腾时期，这导致 DAY132~DAY283 阶段 $T_{12:00\text{-}15:0}/T_日$的值较高，约占当日植物蒸腾总量的 36%。

结合表 7-1 和表 6-13，利用 $\delta^{18}O$ 分割侧柏地表蒸散结果 F_T 与林分植物蒸腾量 $T_{12:00~15:00}$ 可以对研究区植物蒸腾量 $T_{12:00~15:00}$ 与土壤蒸发量 $E_{12:00~15:00}$ 进行区分，结果见表 6-14。

至此，根据同步观测的系统尺度水分通量中各组分比例构成，结合植株树干液流计的连续观测，并推导本系统蒸腾量，利用稳定同位素技术推算出稳态假设下典型采样天的森林生态系统植物蒸腾量 $T_{12:00~15:00}$、土壤蒸发量 $E_{12:00~15:00}$ 和蒸散量 $ET_{12:00~15:00}$，量化表达了研究区水分通量各个组分。

表 6-14　利用 $\delta^{18}O$ 分割侧柏地表蒸散量

日期	$F_{T\text{-}5\,cm}$/%	植物蒸腾量 $T_{12:00~15:00}$/mm	土壤蒸发量 $E_{12:00~15:00}$/mm	系统蒸散量 $ET_{12:00~15:00}$/mm
DAY107	69.39	0.04	0.02	0.06
DAY118	66.52	0.02	0.01	0.03
DAY132	59.03	0.19	0.13	0.32
DAY138	66.1	0.10	0.05	0.15
DAY185	78.83	0.06	0.02	0.08
DAY217	87.34	0.40	0.06	0.46
DAY220	90.07	0.45	0.05	0.50
DAY223	80.89	0.46	0.11	0.57
DAY230	73.19	0.43	0.16	0.59
DAY263	89.27	0.41	0.05	0.46
DAY283	82.76	0.37	0.08	0.45

第7章 森林生态系统蒸散对植被特征的响应

第 6 章以遥感方法 获取了基于莫宁-奥布霍夫相似理论计算显热通量中所需的关键参数，为山区复杂下垫面蒸散计算提供了一种新的思路。本章在第 6 章的基础上，基于足迹模型（即源区函数），结合山区 DEM 数据和植被格局计算了不同地形条件和植被格局对蒸散的影响，并建立了地形指数-蒸散模型及蒸散与地形指数和植被结构的复合模型。

7.1 平原区植被-蒸散模型参数计算

利用大孔径闪烁仪测量地表湍流通量进一步计算下垫面蒸散的方法与传统的涡度相关法、蒸渗仪法等方法相比具有扩大源区的优势。大孔径闪烁仪的这一优势常被用来验证基于遥感反演的蒸散，以实现蒸散研究的尺度上推（蔡旭辉等，2010）。在利用大孔径闪烁仪观测地表蒸散时要涉及观测源区的问题（也称为印痕问题）（Schmid，2002；蔡旭辉，2008；Vesala et al.，2008），其原因一方面在于观测下垫面的非均一性，另一方面在于大孔径闪烁仪所观测的是一条线状路径上的结果，而这个结果是该路径上各个点的综合值，但每个点对结果贡献率的权重是不同的。为了区分观测路径上下垫面不同区块的蒸散特征，观测源区的确定具有重要意义（双喜等，2009；王维真等，2009）。

7.1.1 源区计算

早期印痕模型都是基于单点式观测方法而建立起来的，因此在研究大孔径闪烁仪这种较大范围内的区域通量时适用性就有所限制（彭谷亮等，2007）。Meijninger 等（2002）首次将一个适用于单点观测的隐式解析模型扩展为适用于大孔径闪烁仪线状的印痕解析模型。Meijninger 的工作为后人的研究提供了新的方式，并且随着研究的不断深入，更多的全解析模型得到推广和应用（彭谷亮等，2007；蔡旭辉等，2010）。

彭谷亮等（2007）在单点通量观测印痕模型（Schmid，1994）式（7-1）的基础上提出式（7-2）的模型。

$$F(x, y, z_m) = \int\limits_{-\infty}^{\infty} \int\limits_{\infty}^{x} F_0(x', y') f(x - x', y - y', z_m) dx' dy' \tag{7-1}$$

$$\overline{F_{LAS}(z_m)} = \int\limits_{x_2}^{x_1} F(x, y, z_m) W(x) dx \tag{7-2}$$

式中，$F(x, y, z_m)$ 是高度为 z_m 的通量值；$F_0(x, y)$ 是上风向上的地面源项；f 是单点观测的印痕函数；$\overline{F_{LAS}(z_m)}$ 是架设高度为 z_m 的大孔径闪烁仪通量观测值；$W(x)$ 是大孔径闪烁仪沿路径方向的权重函数；x_1、x_2 分别为大孔径闪烁仪发射端和接收端的位置；x、y 表示的是光程路径上每点的坐标；x'、y' 表示每个点上风方向各点的坐标。将式(7-1)和式(7-2)联合得到大孔径闪烁仪的印痕函数，见式(7-3)。

$$f_{LAS} = \int_{x_2}^{x_1} W(x)f(x-x',y-y',z_m)\mathrm{d}x \tag{7-3}$$

大孔径闪烁仪测定空气感热通量的原理为：发射端发射一定波长的激光束，经过大气传播后由接收端接收，接收到的激光束经大气中水汽的扰动后，其光强与发射时存在差异，然后利用柯莫各洛夫的湍流理论及光传输方程计算出大气折射参数的结构函数进而来确定湍流的感热通量(Wang et al.，1978；Andreas，1989)。光径上每点对测量结果的权重不同，需要用权重函数来表达，利用 Hill 等(1992)提出的权重函数计算方法，见式(7-4)～式(7-7)。

$$W(x)=4\pi^2 v_{LAS}^2 \int_0^\infty v\phi(v)\sin^2\left[\frac{v^2 x(L-x)}{2v_{LAS}L}\right] \cdot \left[\frac{2J_1(m_1)2J_1(m_2)}{m_1 m_2}\right]\mathrm{d}k \tag{7-4}$$

$$m_1 = 0.5vD\frac{x}{L} \tag{7-5}$$

$$m_2 = 0.5vD\left(1-\frac{x}{L}\right) \tag{7-6}$$

$$f(v)=0.033v^{-\frac{11}{3}} \tag{7-7}$$

式中，L 是大孔径闪烁仪的光径长度；v_{LAS} 是 LAS 发射光的波数；v 是湍流谱空间的波数；D 是仪器光学镜面的直径；$J_1(m)$ 是第一类贝塞耳函数。

通量印痕函数常用拉格朗日随机模型(Flesch et al.，1995；Thomson，1987)和欧拉扩散方程(Kormann and Meixner，2001)来表达。由于欧拉解析模型为显式函数，便于计算，本节便采用基于欧拉扩散理论进行印痕求解。主要包含以下方程：

$$\overline{u}(z) = Uz^m \tag{7-8}$$

$$K(z) = kz^n \tag{7-9}$$

$$m = \frac{z}{\overline{u}}\frac{\partial \overline{u}}{\partial z} = \frac{u_*}{k}\frac{\phi_m}{\overline{u}} \tag{7-10}$$

$$n = \frac{z}{K}\frac{\partial K}{\partial z} \tag{7-11}$$

$$\bar{u}(z) = \frac{u_*}{k}\left[\ln\frac{z}{z_0} + \psi_m\left(\frac{z}{L}\right)\right] \tag{7-12}$$

$$K = \frac{ku_*z}{\phi_h} \tag{7-13}$$

式中，u_* 是摩擦速度；ϕ_h 和 ϕ_m 是无因次标量梯度和风速梯度；k 为 von Karman 常数；m 和 n 分别是扩散烟云的形状参数。由式(7-8)～式(7-13)可以计算常数 U 和 κ，并导出侧向积分的通量印痕函数 f^y。

$$f^y(x, z_m) = \frac{1}{\Gamma(\mu)}\frac{\xi^u}{x^{1+u}}e^{-\xi/x} \tag{7-14}$$

式中，Γ 是伽马函数。

$$\xi(z) = \frac{Uz^r}{r^2\kappa} \tag{7-15}$$

$$r = 2 + m - n \tag{7-16}$$

7.1.2　关键参数的计算

在计算大孔径闪烁仪印痕时需要输入的参数包括发射的激光束波长(λ)、发射端(或接收端)镜面直径(D)、奥布霍夫长度(L_{MO})、风速(V)、风向(Dir)及湍流侧向风速标准差(σy)。还要输入观测区域的粗糙度(z_0)、仪器的架设高度(z_m)、风速计的观测高度(z_u)和 LAS 的光程长度(L_P)。各参数取值及获取方法见表 7-1。

表 7-1　源区计算中各参数值获取方式

参数	λ	D	L_{MO}	V	Dir	σy	z_0	z_m	z_u	L_P
取值	880 nm	150 mm	计算	观测	观测	计算	计算	10 m	2 m	650 m

表中 L_{MO} 计算方法见 3.5 节所述，σy 根据观测数据直接计算即可。重点对表中 z_0 的计算进行说明，以地面观测数据为基础计算 z_0 的模型也较多，在植被高度较小(4 m 以下)或稀疏植被的情况下(LAI<1)，可利用 Shaw 和 Pereira(Shaw and Pereira., 1982)拟合的简单计算公式[式(7-17)]：

$$z_0 = z_0' + 0.3h(C_d \times LAI)^{1/2} \tag{7-17}$$

式中，z_0' 为土壤表面粗糙度，一般确定为 1 cm(卢利，2008)；h 为植被高度；C_d 为平均单叶拖曳系数，一般取值 0.2(Shaw and Pereira，1982；Choudhury and Monteith，1988)；LAI 为叶面积指数。

对于非均一下垫面来讲，整个研究区域(整个下垫面)的粗糙度并非某一版块或者研究区域内所有版块粗糙度的平均值(卢利，2008)，而是研究区域内所有组分共同作用下的综合值，这个数值用权重的方式求算更加准确(Taylor，1987)。如式(7-18)所示：

$$\ln\left[z_0\right] = \sum_i q_i \ln\left[z_0(i)\right] \qquad (7\text{-}18)$$

式中，q_i 为第 i 块的面积占总面积的百分比；$z_0(i)$ 为第 i 块的粗糙度。卢利(2008)在研究中将面积百分比替换成了足迹模型中的权重比例，其计算结果比面积比更好，但是在实际计算过程中足迹需要根据粗糙度的数据才能得到，卢利的算法可以用来修正计算结果。

7.1.3　足迹分布

足迹模型受研究区内风向影响(Schmid，2002；Vesala et al.，2004；Timmermans et al.，2009)，本段首先对研究区内风向分布进行统计，统计方法参考李伟权等(2009)所使用的基于 SPSS 和 Surfer 软件绘制风向频率方法，统计结果见图 7-1 和图 7-2。由图 7-1 可知，整个研究时段内(3~11 月)，风向以东偏北风和西南风为主，两个风向占到全部风向的30%以上，东风和南偏西风占到 25%以上。从时间分布上来看(图 7-2)，3~9 月风向集中在 45°~90°，即东北风到东风的范围内；另外，南偏西风频率也较高，9~11 月西南风向盛行，从 6 月中旬开始，有少量西南风向也频繁出现。

结合风向分析，可将风向分布分为两个时间段，即 3~9 月为一个时间段，以东偏北风向为主，其中 3 月期间西南风也盛行；10~11 月为一个时间段，以西南风向为主。因此，可以预测，4~9 月期间足迹模型为一种形状，10~11 月为一种形状，由于 3 月为非生长季，不作为研究重点。

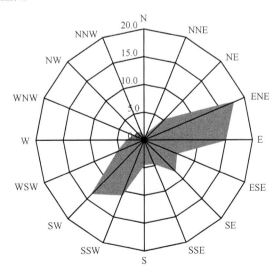

图 7-1　风向总频率分布图

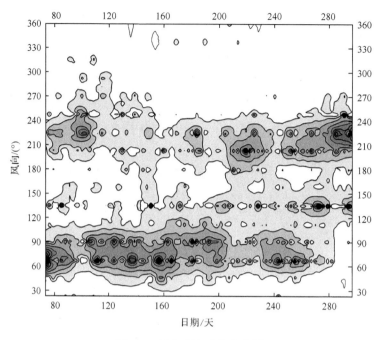

图 7-2　风向频率季节分布图

　　采用 7.1.1 小节以及 7.1.2 小节中的方法，利用 Matlab 软件计算两种情况下的典型足迹模型，见图 7-3。从图中可以看出，两个时间段的足迹形状类似，只是在方向上为相反方向，范围也相近，3～9 月的足迹范围东西长度为 531 m，南北长度为 319 m，面积约为 13.1 hm^2。10～11 月的足迹范围东西长度为 668 m，南北长度为 405 m，面积约为 20.4 hm^2。

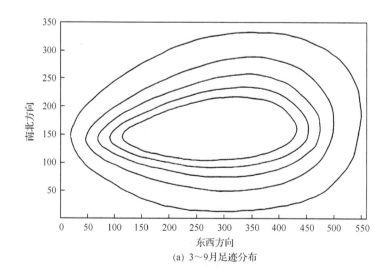

(a) 3～9月足迹分布

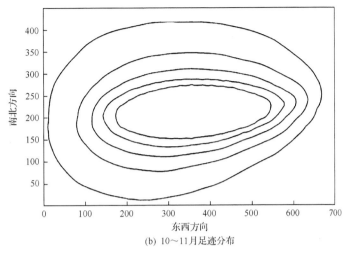

(b) 10～11月足迹分布

图 7-3 LAS 观测足迹分布

7.2 平原区蒸散对植被特征的响应

平原地区植被蒸散除了受气候条件的影响外,植被本身的特性也对蒸散有重要影响,因此本节选择能反演植被特征的指标建立在相似气候条件下的植被特征与蒸散的关系模型,用以表达不同植被类型对蒸散的影响。

7.2.1 植被类型及地形指数与蒸散关系复合模型的构建

采用与 5.2.2 小节中类似的方法,将不同的植被类型根据不同的密度划分成更加详细的版块,同样根据足迹模型和植被分布可以算出每一个版块的蒸散量。对不同植被类型的特征采用结构和生长指标来描述,具体为:乔木采用密度(株/hm²)、LAI、林冠比(定义为树冠高度与整株树的高度比),针、阔叶林的蒸散值分别计算;灌木和草地均采用平均高度和覆盖度表示,但在计算时灌木和草地也分开计算;在描述某一版块内植被特征时,上述所有指标均采用平均值。某一研究区域内蒸散量可由式(7-19)～式(7-22)表示。

$$ET = ET_T \times AR_T + ET_S \times AR_S + ET_G AR_G \tag{7-19}$$

$$
\begin{aligned}
ET_T = &\sum_{i}^{n} AR_{Bi} \times (b_1 \times D_{Bi} + b_2 \times LAI_{Bi} + b_3 \times HR_{Bi}) \\
&+ \sum_{i}^{n} AR_{Ci} \times (c_1 \times D_{Ci} + c_2 \times LAI_{Ci} + c_3 \times HR_{Ci})
\end{aligned}
\tag{7-20}
$$

$$ET_S = \sum_{i}^{n} (s_1 \times CA_{si} + s_2 \times H_{si}) \tag{7-21}$$

$$ET_G = \sum_{i}^{n} (g_1 \times CA_{Gi} + g_2 \times H_{Gi}) \tag{7-22}$$

式中，ET、ET_T、ET_S 和 ET_G 分别为总蒸散、乔木蒸散、灌木蒸散和草地蒸散，mm/d；AR_T、AR_S、AR_G 分别为乔木、灌木草地面积占研究区总面积的比例；D_i、LAI_i、HR_i 分别为第 i 块林地的密度、叶面积指数和林冠厚度比；B 为阔叶林，C 为针叶林；AR_{Bi} 为第 i 块阔叶林地占的所有阔叶林地的面积比例；AR_{Ci} 为第 i 块针叶林地占的所有针叶林地的面积比例；H 为灌木或草地的平均高度，m；CA 为覆盖度，%；$b_1 \sim b_3$、$c_1 \sim c_3$、s_1、s_2、g_1 和 g_2 均为待求系数，b_1 和 c_1 的单位为 $(hm^2/株) \cdot (mm/d)$，其物理意义为每株植物所占面积范围内单位时间内的蒸散量，s_1 和 g_1 的单位为 $(mm/d)/m$，其物理意义为单位高度的灌木（或草本）单位时间内产生的蒸散量，s_2 和 g_2 为单位面积的蒸散系数，单位均为 mm/d。式(7-19)~式(7-22)中所涉及的物理量均为植被生长指标，由此也决定该方法适用的最小时间分辨率为日，即在一天中的上午和下午的蒸散量是无法区分的。另外，由于上述指标日间差异不显著，在实际观测时为每隔 10 天左右采集一次，但在计算蒸散时需要用到每日尺度的数据，除了密度指标，其他指标采用插值法获取每日的生长指标。用研究时段内 50%的实测数据对式(7-20)~式(7-22)中的各系数求解，见表 7-2 和表 7-3。

表 7-2 式(7-20)~式(7-22)中的乔木各系数取值

	阔叶				针叶		
系数	取值	R^2	Sig.	系数	取值	R^2	Sig.
b_1	1.42×10^{-4}			c_1	1.08×10^{-4}		
b_2	1.17	0.76	0.1	c_2	1.09	0.74	0.1
b_3	0.62			c_3	0.49		

表 7-3 式(7-20)~式(7-22)中的灌草各系数取值

	灌木				草本		
系数	取值	R^2	Sig.	系数	取值	R^2	Sig.
s_1	4.29	0.65	0.1	g_1	3.24	0.68	0.1
s_2	0.26			g_2	0.45		

因此，式(7-20)~式(7-22)可写成式(7-23)~式(7-25)：

$$ET_T = \sum_i^n AR_{Bi} \times \left(1.42 \times 10^{-4} \times D_{Bi} + 1.17 \times LAI_{Bi} + 0.62 \times HR_{Bi}\right)$$
$$+ \sum_i^n AR_{Ci} \times \left(1.08 \times 10^{-4} \times D_{Ci} + 1.09 \times LAI_{Ci} + 0.49 \times HR_{Ci}\right) \tag{7-23}$$

$$ET_S = \sum_i^n \left(4.29 \times CA_{si} + 0.26 \times H_{si}\right) \tag{7-24}$$

$$ET_G = \sum_i^n \left(3.24 \times CA_{Gi} + 0.45 \times H_{Gi}\right) \tag{7-25}$$

由表 7-4 可知，针阔叶林之间的差异显著，阔叶林系数明显大于针叶林，杨新兵(2007)的研究表明，在自然状态下，北方地区阔叶林蒸散耗水略高于针叶林，而在充分供水条件下两种类型的植被蒸散耗水相近，本章研究对象为自然状态下，表 7-5 中也表明阔叶林蒸散耗水略大于针叶林，与杨新兵的研究结论相似。对于乔木林来讲，固定的研究区域，在无人为因素干扰的前提下植被密度固定，叶面积指数随时间变化最为剧烈，而林冠厚度比变化较小(林冠厚度比的变化来源与植被的生长)，在一个研究周期(年)内，蒸散值的变化主要受叶面积指数的影响，其次是树冠的变化，因此 b_1 和 c_1 相对较小，而 b_2、b_3、c_2 和 c_3 较大。

表 7-4　不同土地利用类型对蒸散的贡献率(%)

月份	阔叶林	针叶林	灌木林	草地	生活区
4 月	33.19	45.86	10.47	6.00	4.48
5 月	31.92	39.56	12.77	9.77	5.98
6 月	29.65	37.12	15.99	11.41	5.83
7 月	29.29	36.02	14.53	11.01	9.15
8 月	28.72	36.24	16.18	10.68	8.18
9 月	34.73	38.30	12.76	8.76	5.46
10 月	29.94	37.04	14.35	10.24	8.43
11 月	32.36	42.00	9.93	8.49	7.21

表 7-5　不同植被类型(土地利用类型)的蒸散量

植被类型	阔叶林	针叶林	灌木林	草地	生活区
蒸散量/mm	585.13	562.68	445.32	409.64	296.57

7.2.2　山区非均一下垫面复合模型的验证

用研究时段内剩余 50%数据对构建的模型[式(7-23)～式(7-25)]进行精度验证，实测值 261.06 mm，预测值 273.31 mm，模型预测值略高于实测值。实测值与预测值对比分析见图 7-4，由图可知，预测值与实测值的对比分析，直线斜率接近 1，R^2 为 0.7877，相关系数较高。利用 4.2 节中的评价指标 RMSE 和 MRE 来评价蒸散模型的精度表明，RMSE 为 0.6877 mm/d，MRE 为 15.69%。

对模型计算的结果精度进行深入分析，用 ΔET 表示 $ET_{预测}$ 与 $ET_{实测}$ 的差值，研究时段内 ΔET 的分布见图 7-5。由图可知，从 4 月到 5 月，模型对蒸散计算结果为高估；从 6 月开始，ΔET 逐渐增大，一直持续到 9 月底，即 6～9 月模型计算结果为高估；从 10 月开始，ΔET 逐渐减小。在研究植被生长时，北方地区一般将 6～9 月划分为生长季，其余时间段为非生长季，在这里也采用该方法进行划分，以便于分析差异产生的原因。模型高估或低估的原因可能在于蒸散值除了受植被本身的影响外还受气候条件的影响，但预测模型中仅以植被本身为评价指标，并未考虑气候因素。因此在非生长季植被因素尤其是叶面积指数和灌木草本的盖度均较低，虽然在该时期蒸散值较低，但该模型还是低估了整个区域内的蒸散；而在生长季内，则发生了相反的状况，即过高地评估了植被因素对蒸散的影响，且植被本身对水分的调节作用在该模型中也未得到体现，因此仅用宏观的植被生长和结构指标来估算蒸散在生长季便会存在高估。

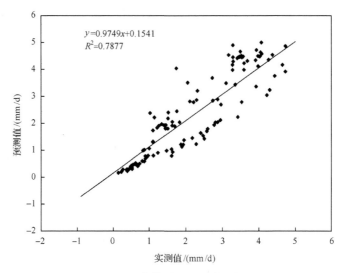

图 7-4　蒸散值预测精度分析

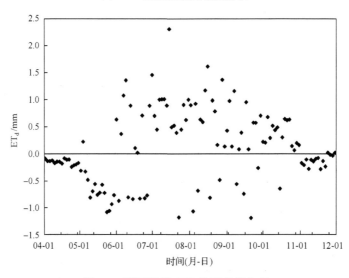

图 7-5　不同时期 ΔET 的正负值分布

ET_d 即为 ΔET

　　生长季高估比例较大，而非生长季低估比例较大，其主要原因是模型仅考虑了植被因素，未考虑气象因素，因此，在此引入太阳辐射率（SR_r），将其定义为下垫面每天实际接收的太阳辐射通量与该地区理论接收的太阳辐射通量比值，其计算方法见式（7-26）。在用模型计算蒸散结果的基础上乘以 SR_r，见式（7-27），时间尺度为日。

$$SR_r = \frac{SR_m}{SR_t} \tag{7-26}$$

$$ET = SR_r\left(ET_T \times AR_T + ET_S \times AR_S + ET_G \times AR_G\right) \tag{7-27}$$

式中，SR_m 为日观测太阳辐射总量；SR_t 为日理论太阳辐射总量，其计算方法见 6.1 节中的描述。

非生长季模型低估蒸散值，而 SR_r 取值为 0～1，因此使用该方法只能对生长季的蒸散进行改进，非生长季无法使用。生长季改进后的模型精度有所提高，6～9 月实测值为 198.72 mm，模型改进前计算值为 218.80 mm，改进后计算值为 214.89 mm，总量上高估率由 11.56% 降低到了 8.13%，日尺度上的提高率见图 7-6 和图 7-7。由图 7-6 可知，生长季改进后的模型计算结果精度有所提高，R^2 由 0.4401 提高到 0.6668，直线斜率由 0.7185 提高到 0.8542，由图 7-7 可知，在时间轴上两者的差异也有所降低，模型改进前 ΔET 变化范围为 3.49 mm/d，改进后 ΔET 变化范围降低到 1.81 mm/d，降低幅度达 48.14%。

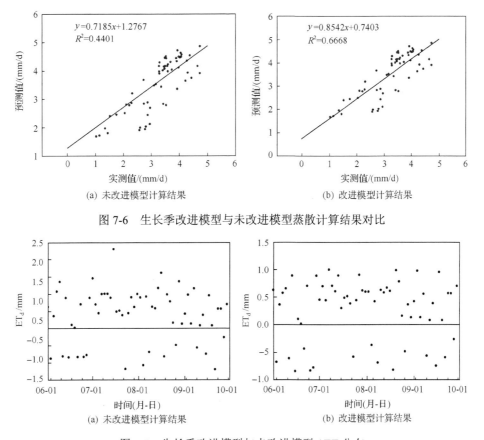

图 7-6　生长季改进模型与未改进模型蒸散计算结果对比

图 7-7　生长季改进模型与未改进模型 ΔET 分布

7.3　山区起伏地形对下垫面蒸散影响的修正

山区起伏的地形通过改变小气候，如风向的改变、水分的再分配、光照条件的改变等来影响下垫面蒸散，这是一个复杂的过程，本节试图通过对地形因子提取并分析地形因子对蒸散的影响。

7.3.1　山区地形因子的提取

地形的变化主要体现在坡度、坡向和海拔的变化 (Running et al.，1987；Martínez-Cob，1996；刘朝顺，2008；高永年，2010)，本书把这三个指标作为评估地形对蒸散影响的因子。刘朝顺(2008)、高永年(2010)等研究地形对蒸散的影响表明，在海拔 800 m 以下由于人为因素干扰，蒸散与海拔之间的相关性较低，但海拔 800 m 以上，植被覆盖度高，人为因素干扰降低，两者之间呈显著的正相关性。但对于本章的研究对象，海拔分布为100～800 m，但在整个研究区范围内人为干扰很小，且植被覆盖度高达 90%，甚至更高，因此可以预测蒸散与海拔之间存在显著的相关性。蒸散与坡向之间的关系近似于三角正弦(余弦)函数，当坡向与太阳方位角相同时，坡面接收到的太阳辐射最强烈，而在该坡面的对面，即太阳方位角±180°的坡面太阳辐射量最小。坡度越大，对水分的保持作用越小，提供蒸散水分来源的能力就越弱。研究区海拔、坡向和坡度分布见图 7-8～图 7-10。由图可知，海拔分布范围为 80～750 m，海拔梯度明显，研究区整体走向为西高东低。坡向分布以东坡为主，坡度主要在 25°以下。

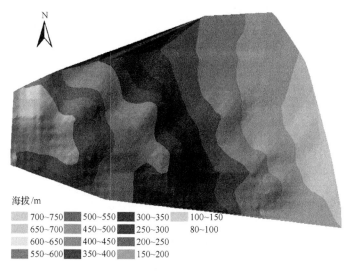

海拔/m

700～750	500～550	300～350	100～150
650～700	450～500	250～300	80～100
600～650	400～450	200～250	
550～600	350～400	150～200	

图 7-8　观测区海拔分布图

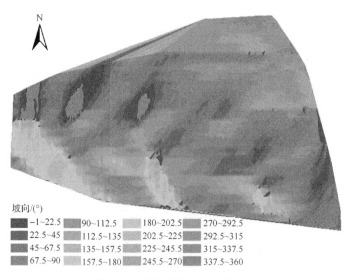

坡向/(°)

−1～22.5	90～112.5	180～202.5	270～292.5
22.5～45	112.5～135	202.5～225	292.5～315
45～67.5	135～157.5	225～245.5	315～337.5
67.5～90	157.5～180	245.5～270	337.5～360

图 7-9　观测区坡向分布图

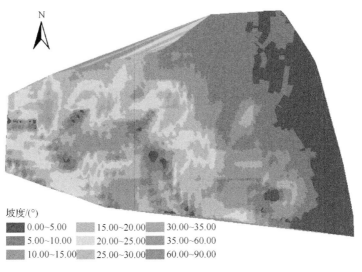

图 7-10　观测区坡度分布图

7.3.2　山区蒸散-地形模型的构建

在仅以地形因子为变量的前提下，分析地形变异下的蒸散与地形因子的关系，将蒸散与地形因子的关系定义为式(7-28)：

$$\text{ET} = \left(a\sin\left(\left|90 - \frac{|A-A'|}{2}\right| \right) + b - \beta\tan\alpha + \varepsilon E \right)\text{ET}_0 \tag{7-28}$$

式中，a、b 为坡向修正系数；A 为太阳方位角；A' 为坡向；β 为坡度修正系数；α 为坡度；以上的太阳方位角、坡向的单位均为度($°$)；ε 为海拔修正系数；E 为海拔，m；ET_0 为具有相似气象、植被条件下平坦地面的蒸散。太阳方位角由式(7-29)计算：

$$\cos A = \frac{\sin h_\text{s}\sin\varphi - \sin\delta}{\cos h_\text{s}\cos\varphi} \tag{7-29}$$

式中，h_s 为太阳高度，由式(7-30)计算：

$$\sin h_\text{s} = \sin\delta\sin\varphi + \cos\delta\cos\varphi\cos\omega \tag{7-30}$$

式中各符号与第 6 章中相同。

由于余弦函数为偶函数，在求算角度时，存在式(7-31)的情况，则对应的角度与时间见表 7-6。表中夏半年指春分到秋分时期，冬半年指秋分到春分时期；表中的度数为常规计数规则，即正北方向为 0°，逆时针为正方向。由表 7-6 可知，太阳方位角在一天中也不固定，因此在计算时统一采用当地卫星过境时刻，以便有固定的计算标准。

$$A = \pm\arccos\partial \tag{7-31}$$

式中，∂ 为余弦函数值。

表 7-6　太阳方位角变化范围

	夏半年	冬半年
上午	0°～90°	270°～360°
下午	90°～180°	180°～270°

选择 2012 年 5～10 月不同植被类型的蒸散数据（日尺度）及相应的时间和地形参数，对式(7-28)中的系数进行拟合求解并对模型精度进行验证，其中以所有奇数日的数据为拟合数据，偶数日的数据为验证数据，拟合结果见表 7-7，精度分析见表 7-8。将表 7-7 中各系数代入式(7-28)，得到不同植被类型下蒸散-地形关系模型，见式(7-32)～式(7-36)。

$$ET_s = 1.1329\left(0.7362\sin\left(\left|90 - \frac{|A - A'|}{2}\right|\right) + 0.5594 - 0.1304\tan\alpha + 3.135\times10^{-3}E\right)$$

$$(7-32)$$

$$ET_{oa} = 1.6165\left(0.8427\sin\left(\left|90 - \frac{|A - A'|}{2}\right|\right) + 1.3392 - 0.1281\tan\alpha + 2.752\times10^{-3}E\right)$$

$$(7-33)$$

$$ET_{cp} = 1.4548\left(0.6139\sin\left(\left|90 - \frac{|A - A'|}{2}\right|\right) + 1.4018 - 0.1279\tan\alpha + 2.867\times10^{-3}E\right)$$

$$(7-34)$$

$$ET_{mf} = 1.5638\left(0.8513\sin\left(\left|90 - \frac{|A - A'|}{2}\right|\right) + 1.5206 - 0.1087\tan\alpha + 2.194\times10^{-3}E\right)$$

$$(7-35)$$

$$ET_{oo} = 1.6541\left(0.8957\sin\left(\left|90 - \frac{|A - A'|}{2}\right|\right) + 1.6447 - 0.1108\tan\alpha + 1.736\times10^{-3}E\right)$$

$$(7-36)$$

ET_s、ET_{oa}、ET_{cp}、ET_{mf} 和 ET_{oo} 分别为灌木林、侧柏林、油松林、混交林和栓皮栎林的蒸散。

表 7-7　不同植被类型参数计算结果

植被	a	b	β	ε	ET_0	R^2	Sig.
灌木	0.7362	0.5594	0.1304	0.003135	1.1329	0.6349	0.1
侧柏	0.8247	1.3392	0.1281	0.002752	1.6165	0.7264	0.1
油松	0.6139	1.4018	0.1279	0.002867	1.4548	0.6738	0.1
混交林	0.8513	1.5206	0.1087	0.002194	1.5638	0.5967	0.1
栓皮栎	0.8957	1.6447	0.1108	0.001736	1.6541	0.7629	0.1

由表 7-7 可知，不同植被类型各系数值差异较大，坡向系数 a 和 b 主要用于修正光照

因子对蒸散的影响，尤其是系数 a 直接与太阳方位角关联，对于喜光植物侧柏和栓皮栎而言，a 的值相对较高，而在研究区内混交林中侧柏和栓皮栎比例也较大，同时还有多种喜光的阔叶树种，如刺槐、栾树、槲树等也有一定比例，因此，混交林的 a 也较大。油松则不属于明显的喜光树种，油松幼苗更喜欢生长于阴面，因此 a 较小。灌木树种种类较多，研究区内既有喜光灌木，如山杏、荆条等；也有大量耐阴灌木，如胡枝子、忍冬等，还有大量既喜光又具有一定耐阴特征的植物，如黄栌、连翘等，复杂的物种组成使得系数 a 处于中等水平。而系数 b 与 ET_0 接近，在一定程度上代表了地形因子不变情况下的蒸散量。如前文所述，坡度影响下垫面对水分的涵养，因此 β 的大小体现了不同植被条件下坡度与水分涵养功能的关系，进而体现了用于蒸散水分来源量的多少。灌木林根系相对较小，对水分的保持作用小于乔木林，另外，灌木林林下枯落物厚度低，其调节水分的作用也低(孙艳红等，2006)，因此，随着坡度的扩大，灌木林地水分流失量越大。相比之下，乔木林则具有较强的保水功能，但不同林分之间存在差异，针叶类的侧柏和油松由于林下植被较少，相对阔叶林或针阔混交林，其保水功能也较低。海拔变化作用于蒸散主要体现在两个方面，一方面是温度的变化，海拔增高，温度降低，但接收到的太阳辐射却增加，不过总体来说，增量大于减量；另一方面，随着海拔的变化，植被类型变化较大，如阔叶林分布的海拔较低，在本研究区主要分布于 400 m 以下，而混交林分布最广，针叶林大多分布海拔范围在 600 m 左右，再往上则是灌木林为主，但由于研究区海拔绝对值不大，其植被随海拔变化的地带分布现象并不明显。

由表 7-8 的精度验证可知，灌木林和混交林的精度较低，其主要原因可能是：一方面其植被种类较多，种类之间的差异性较大，用同一个系数来描述固然存在较大误差；另一方面灌木林中还存在少量高山草甸，其蒸散特征与灌木差异较大，本节在研究过程中一是为了简化计算，二是其面积比例较小，但从计算结果来看还是造成了一定的误差，乔木树种由于树木年龄的差异也使得不同个体之间的蒸散存在差异。相对而言，林分单一的三种植被类型精度较高，同时这三种林分内部还具有相近的树龄，因此其精度高于灌木林和混交林。

表 7-8　不同植被类型模型精度验证

精度	灌木	侧柏	油松	混交林	栓皮栎
MRE/%	22.13	12.86	15.37	24.05	10.51
RMSE	0.7425	1.6207	1.5139	1.8427	1.3927
R^2	0.5831	0.8034	0.7431	0.5594	0.8127

对于同一地区的蒸散计算时，蒸散-地形模型中所引用的地形指数均为固定值，不随时间的变化而变化，变量仅为太阳方位角和植被类型。

7.4　山区起伏地形及植被异质性对下垫面蒸散的影响

在实际应用中，地形和植被往往同为变量，且相互作用，因此，研究地形植被对蒸散的综合影响才是最终目的。

7.4.1 植被类型及地形指数与蒸散关系复合模型的构建

在第 5 章和本章前面部分内容的基础上，建立地形植被对蒸散的综合影响关系，见式(7-37)，式中各符号与前文相同，该式表明研究区总体的蒸散由所有不同植被类型与在经过地形因子修正后的分量组分共同组成。在鹫峰研究区内没有大面积的草地，因此模型中未引用草地蒸散的部分。

$$
\begin{aligned}
\mathrm{ET} = &\sum_{i=1}^{n}\left(a_\mathrm{T}\sin\left(\left|90-\frac{|A-A_i'|}{2}\right|\right) + b_\mathrm{T} - \beta_\mathrm{T}\tan\alpha_i + \varepsilon_\mathrm{T}E_i \right)\mathrm{SR_r ET_{T0i} AR_{T}}_i \\
&+ \sum_{i=1}^{n}\left(a_\mathrm{S}\sin\left(\left|90-\frac{|A-A_i'|}{2}\right|\right) + b_\mathrm{S} - \beta_\mathrm{S}\tan\alpha_i + \varepsilon_\mathrm{S}E_i \right)\mathrm{SR_r ET_{S0i} AT_{S}}_i
\end{aligned}
\tag{7-37}
$$

7.4.2 山区非均一下垫面复合模型的验证

以 2011 年 5~10 月数据为基础，利用式(7-32)，第 5 章和本章的系数对式(7-5)的估算精度进行验证，见表 7-9，仪器观测总量为 532.55 mm，模型计算总量为 577.68 mm，估算值高于观测值。月尺度 RMSE 为 34.1964 mm，日尺度 RMSE 为 1.2839 mm，MRE 的日月值分别为 8.92%和 10.37%，模型估算值与仪器测量值的 R^2 为 0.6538，具有较好的相关性。在分析模型误差时，可以将估算模型式(7-32)分为两个部分，及植被部分和地形部分；模型精度误差主要来源于这两部分，首先是植被部分，在估算植被蒸散时时间变异通过叶面积指数 LAI 和林冠厚度比来表示，但是这两个指标对与短时间内植被的生长特征反应不敏感，因此在估算过程中所使用的日尺度相当于日平均值，但是在实际应用中，日蒸散由于多重因素如不同的天气(晴好天气、阴天和雨天)存在较大的差异；地形部分相当于对植被部分进行的修正，同样没有考虑到每日之间的差异，在应用时默认的天气为晴天，若是在阴天或者多云天气时，与太阳方位角相同坡度的坡面所接收的太阳辐射并不一定最多，因此，对天气变化的忽略是造成模型误差最主要的来源。

表 7-9 模型估算精度验证

总量/mm	RMSE/mm		MRE/%		R^2
	月	日	月	日	
577.68	34.1964	1.2839	8.92	10.37	0.6538

7.4.3 不同时期植被和气象因素对蒸散的贡献率

影响下垫面蒸散的因子概况为地形、植被和气象因子，但对一个固定的研究区来说，地形为不变因素，在不同研究时期内变量只有植被因素和气象因素。结合 7.3 节中的模型，气象因子以太阳辐射，植被因子以 LAI(乔木)和盖度(灌草)为指标，分析不同时期植被和气象因素对蒸散的贡献率。蒸散、气象及植被因素在不同时期内有不同的变化特征，因此，在分析气象、植被因素贡献率时也分不同时间尺度，即季节尺度和年尺度，其中季节分为生长季和非生长季。对蒸散、气象及植被因素建立标准化的多元回归方程，见表7-10。

表7-10 不同时间尺度气象和植被因子对蒸散影响关系

季节	多元回归方程	R^2	Sig.	气象因素贡献率/%	植被因素贡献率/%
生长季	LE=0.379SR+0.538LAI*	0.714	0.01	41.33	58.67
非生长季	LE=0.835SR+0.186LAI	0.674	0.01	81.78	18.22
全年	LE=0.462SR+0.483LAI	0.637	0.01	48.89	51.11

*乔木为LAI，灌草为盖度，下同。

由表7-10可知，在不同时期气象因素和植被因素对蒸散的贡献率有所不同，生长季，植被因素大于气象因素，两者的贡献率分别为58.67%和41.33%，但两者的差距不大，这表明在生长季，太阳辐射和植被生长对下垫面蒸散的影响均较大。太阳辐射是下垫面能量的收入来源，其值的大小直接决定了下垫面的能量分配情况，而在生长季植被生理活动旺盛，是SAVT系统水热传输的载体，而在生长季水热条件均很好，SAV界面水热传输活动强烈，因此，植被因素的贡献率也较大。

非生长季气象因素所占比例大大超过了植被因素，达到了81.78%，而植被因素的贡献率仅为18.22%，气象因素的贡献率是植被因素的4倍多，表明在非生长季，气象因素对蒸散的影响占据主导地位，而植被因素的影响则十分微弱。非生长季由于温度低，在植被最适温度以下，下垫面植被生理活动几乎处于休眠状态，作为水热传输的主要载体，生理活动的停滞对水热传输量也很小。非生长季蒸散来源主要为土壤的蒸发(见4.4节和6.6节)，非生长季植被因素对蒸散的贡献率很小，而气象因素对土壤蒸发的影响较大，温度升高，促进土壤蒸发，因此，气象因素(太阳辐射)的贡献率远远大于植被因素。

从全年尺度来看，两种因素的贡献率相当，植被因素略大于气象因素，两者的贡献率分别为51.11%和48.89%。从4.4节和6.6节中的分析可以看出，年尺度的植被蒸腾远大于土壤蒸发，但植被蒸腾同样受气象因素的影响，因此，从综合影响的角度来分析，两者的影响程度接近。上述的分析中，不管是生长季尺度、非生长季尺度还是年尺度，引入的影响因素只是对蒸散影响最大的，但在不同时期存在各自的独特因素，例如，夏季，降雨因素对蒸散影响较大；冬季，降雪后，积雪融化后蒸发对蒸散的影响也较大。因此，本节中的描述以主要影响因素为代表分析了其对蒸散的贡献率，但是不同时期存在微小的误差。

7.5 森林植被对蒸散的影响

7.5.1 林分蒸腾特征

随着热扩散技术的成熟，人们实现了对树干液流速率的连续观测，可以较好地测定单株树干液流速率，而科学家们已经越来越关注群落或者林分尺度的蒸腾耗水规律，林分尺度的蒸腾耗水研究可以直接指导森林的经营管理。国内外很多学者对林木蒸腾尺度转化问题进行了大量研究，Granier 和 Hatton 等学者提出基于单株树干液流测定估测出的单株蒸腾，结合叶面积、边材面积或者胸径等空间纯量数据，可以实现从单株蒸腾量到林分的尺度转换。本书选择树木的胸径和边材面积作为尺度扩展的关联指标，根据样地调查数据推算出林分的总边材面积，然后根据单株树干液流通量推算林分总蒸腾量。

1. 从单株到林分的蒸腾量尺度转换

本书研究利用了树木胸径和树木边材面积作为关联指标来进行尺度转换，首先得到不同树种边材面积与胸径直接的关系，然后用植被调查数据中的胸径指标来推算出林分的总边材面积，最后利用实测的树干液流通量数据推求出林分的实际蒸腾量。

1) 树木胸径与边材面积模型

于 2011 年 8 月在监测试验样地附近按照不同的径级选择了油松、侧柏、栓皮栎各 10 株作为样木，通过计量和推算，各树种样木的胸径、边材面积和年龄的数据见表 7-11。

表 7-11 不同树种胸径、边材面积与年龄数据

树龄	油松			侧柏			栓皮栎		
	胸径	边材面积	树龄	胸径	边材面积	树龄	胸径	边材面积	树龄
1	19.6	277.7	27	11.6	117	53	32.5	746.7	45
2	13.3	105.7	36	18.4	229.4	49	21.2	317.6	55
3	20.9	320.3	37	15.5	165.4	53	6.9	24.9	15
4	13.4	96.8	24	31.2	778	97	29.5	581.8	65
5	11.8	79.96	22	21.3	316.1	62	25.4	442.3	48
6	28.3	532.1	38	19.6	299.1	65	22.3	343.1	52
7	8.5	41.7	20	10.7	74.9	20	25.8	441.2	58
8	12.6	72.9	22	7.2	38.4	15	20.6	261.7	50
9	16.5	167.2	33	24.5	426.9	56	15.2	152.6	38
10	29.8	624.1	55	27.5	527.2	89	12.4	95.4	27

注：胸径单位为 cm，边材面积单位为 cm^2，树龄单位为 a。

以树木的边材面积为自变量，以树木胸径为因变量，得到不同树种胸径与边材面积的关系式如下：

油松：$y = 0.629x^2 + 3.6098x - 51.918$，$R^2 = 0.99$，$P < 0.001$，$n = 10$ (7-38)

侧柏：$y = 0.994x^2 - 9.1141x + 65.952$，$R^2 = 0.99$，$P < 0.001$，$n = 10$ (7-39)

栓皮栎：$y = 0.759x^2 - 2.3101x + 7.3297$，$R^2 = 0.99$，$P < 0.001$，$n = 10$ (7-40)

式中，x 为树木胸径，cm；y 为树木边材面积，cm^2。

从式中可以看出，各树种林木的胸径和其边材面积有着非常好的相关性。

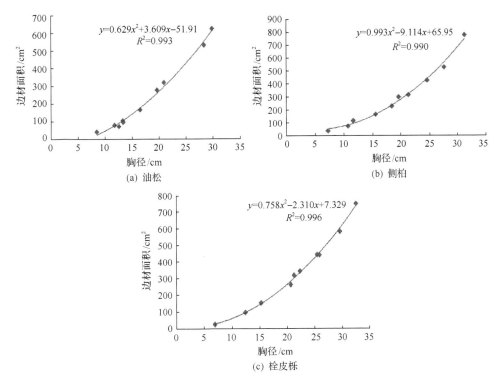

图 7-11　不同树种胸径和边材面积的关系

2) 乔木蒸腾量计算公式推导

单位时间通过单位树干断面积的平均水流量为 J_s（液流通量密度），按下式计算：

$$J_s = 0.714 \times (d_{t\max} / d_{\text{tact}} - 1)^{1.231} \tag{7-41}$$

$$d_t = T_{1-0} - (T_{1-2} + T_{1-3}) / 2 \tag{7-42}$$

式中，J_s 为树干液流通量密度，$\text{mL}/(\text{cm}^2 \cdot \text{min})$；$T_{1-0}$ 为探头 S0 与探头 S1 的温度差，℃；T_{1-2} 为探头 S2 与探头 S1 的温度差，℃；T_{1-3} 为探头 S3 与探头 S1 的温度差，℃。

某一时段单木的总液流量通量 Q_t 可以表示为

$$Q_t = J_{st} A_s \Delta t \tag{7-43}$$

式中，Q_t 为 Δt 时间内单木树干液流通量，mL；J_{st} 为 Δt 时间内平均树干液流通量密度，$\text{mL}/(\text{cm}^2 \cdot \text{min})$；$A_s$ 为被测树木的边材面积，cm^2；Δt 为所测定时间，$\min$。

结合上面得出的不同树种胸径与边材面积的经验方程，可得出某一树种林分某一时段林分的总蒸腾量 E_a 为

$$E_a = \sum_{i=1}^{n} Q_{ti} = \sum_{i=1}^{n} a D_i^{\,b} J_{st} \Delta t \tag{7-44}$$

式中，E_a 为时段 Δt 林分的乔木总蒸腾量，mL；i 为所测林地内树木株数；Q_{ti} 为 Δt 时间内第 i 棵单木树干液流通量，mL；D_i 为第 i 棵树的胸径，cm；a、b 为胸径-边材面积回归

模型参数；J_{st}、Δt 意义同上。

3）灌木蒸腾量计算公式推导

灌木蒸腾量计算公式为

$$E_a = \sum_{i=1}^{n} \frac{mQ_{gi}C\Delta t}{S'/S \times 100\%} \tag{7-45}$$

式中，E_a 为研究期内林下灌木蒸腾总量，kg；n 为测定的 Δt 时间段的个数；m 为平均每丛灌木株数；Q_{gi} 为第 i 段 Δt 时间测定的单株液流通量，kg/h；C 为样地内灌木盖度，%；Δt 为测定时间间隔，h；S' 为平均每丛灌木冠幅面积，m²；S 为样地面积，m²。

2. 林分的生长季蒸腾量变化

通过对从单株到林分的蒸腾量尺度转换的研究，计算得到了不同时间段的各林分蒸腾量如表 7-12 所示。

表 7-12 生长季不同时期各林分蒸腾量变化

月份	日期	E_a				
		油松 1 号	灌木	侧柏	油松 2 号	松栎混交
6 月	上旬	13.99	4.40	12.93	12.46	13.08
	中旬	11.38	4.42	14.36	10.14	16.84
	下旬	13.86	4.63	15.99	12.35	14.70
7 月	上旬	12.47	3.37	10.18	11.11	10.59
	中旬	12.71	4.76	16.49	11.32	15.68
	下旬	13.41	4.09	15.81	11.95	13.01
8 月	上旬	16.98	6.50	20.22	15.13	18.27
	中旬	18.09	6.55	20.06	16.12	24.03
	下旬	18.46	6.74	25.39	16.45	25.35
9 月	上旬	15.69	3.51	20.06	13.98	14.15
	中旬	18.95	4.51	20.31	16.88	17.01
	下旬	15.82	2.91	18.22	14.09	18.68
平均		15.15	4.70	17.50	13.50	16.78
总和		181.81	56.39	210.02	161.98	201.39

注：E_a 为林分蒸腾总量，单位 mm。

从表 7-12 中可以看出，不同林分的生长季蒸腾量有较大的差异，油松林 1 号 6～9 月的总蒸腾量为 181.81 mm、侧柏林为 210.02 mm、灌木林为 56.3 mm、油松林 2 号为 161.98 mm、松栎混交林为 201.39 mm。

7.5.2 枯落物的水分蒸发

选取了 2011 年 7 月 20 日～30 日为研究时段，该时段基本无降雨且之前发生了连续降雨，以此来研究自然状态下的枯落物水分蒸发的典型连续日变化过程。从图 7-12 中可以看出不同林分枯落物蒸发量在日时间尺度上的过程为：快速蒸发，原因是枯落物刚经过降雨的补充；缓慢下降，由于表层水分蒸发完后开始以较深层蒸发为主，枯落物层的蒸发潜力不断下降；稳定阶段，日蒸发量在很小的数值上下波动。

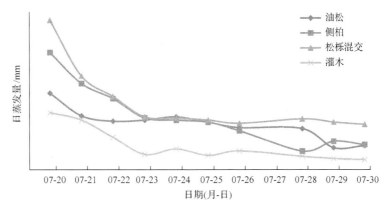

图 7-12　不同林分枯落物日蒸发量变化过程

7.5.3　土壤水分蒸发

统计研究期测定的土壤总蒸发量、平均日蒸发量、标准差见表 7-13，从表 7-13 中可以看出研究期各条件下土壤平均日蒸发量在 0.58～0.84 mm 之间。各径流场平均日蒸发量如图 7-13 所示：油松 1 号(0.84 mm)>侧柏(0.71 mm)>松栎混交(0.65 mm)>油松 2 号(0.63 mm)>灌木(0.58 mm)。

表 7-13　研究期实测土壤蒸发量特征值

树种	总蒸发量/mm	平均日蒸发量/mm	日蒸发量标准差
侧柏	85.36	0.71	0.98
灌木	70.13	0.58	0.67
油松 1 号	101.36	0.84	0.97
油松 2 号	75.94	0.63	0.92
松栎混交	77.63	0.65	0.88

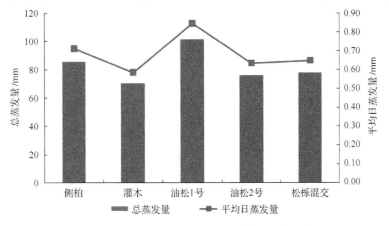

图 7-13　研究期间不同径流场林分土壤蒸发综合比较

7.5.4　植被结构参数与蒸散的关系

1. 叶面积指数与蒸散的关系

本章利用 2011～2012 年 6～9 月两个生长季所测得的叶面积指数与林分总蒸散发量建立相关关系如图 7-14 所示。研究发现，林分总蒸散发量与林分叶面积指数呈正相关关系，即叶面积指数越大林分总蒸散发量越大。原因可能是随着叶面积指数的增大，处于生长季的植被枝干叶都随之增长，导致植被的蒸腾作用增大。而乔木的蒸腾占总蒸散量的大部分，虽然枝叶的增长可能会导致林下蒸散发的减弱，但蒸散的总体趋势还是会不断增大。四种植被类型都与林分总蒸散量呈现对数相关。

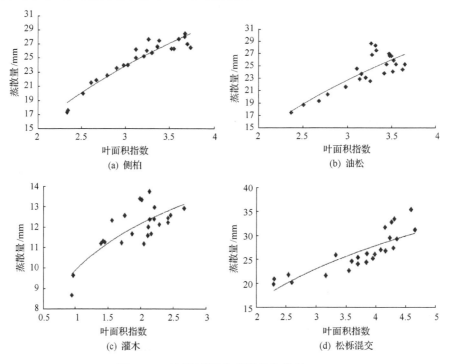

图 7-14　叶面积指数与蒸散量的关系

基于北京山区 2011～2012 年叶面积指数与林地总蒸散量数据，建立了生长季总蒸散量与叶面积指数（LAI）的回归方程：

$$Y_1 = 408.57\ln(\text{LAI}) + 0.9267, \qquad R^2 = 0.71, \qquad n=24, \qquad P<0.05 \qquad (7\text{-}46)$$

$$Y_2 = 320.325\ln(\text{LAI}) + 1.1829, \qquad R^2 = 0.62, \qquad n=24, \qquad P<0.05 \qquad (7\text{-}47)$$

$$Y_3 = 455.058\ln(\text{LAI}) + 8.9499, \qquad R^2 = 0.61, \qquad n=24, \qquad P<0.05 \qquad (7\text{-}48)$$

$$Y_4 = 311.709\ln(\text{LAI}) + 9.3741, \qquad R^2 = 0.68, \qquad n=24, \qquad P<0.05 \qquad (7\text{-}49)$$

式中，Y_1 代表侧柏林的生长季内总蒸散量，mm；Y_2 代表油松林的生长季内总蒸散量，mm；Y_3 代表灌木林的生长季内总蒸散量，mm；Y_4 代表松栎混交林的生长季内总蒸散量，mm；LAI 代表叶面积指数，m^2/m^2。经检验 4 个方程 R^2 均大于 0.6，P 均小于 0.05，模型拟合效果较好。

2. 郁闭度与蒸散发的关系

根据叶面积指数与郁闭度的关系，推导出生长季郁闭度的变化，与林分总蒸散量建立相关关系如图 7-15 所示。研究发现，林分总蒸散量与郁闭度指数呈正相关关系，即郁闭度越大林分总蒸散发量越大。四种植被类型都与林分总蒸散发量呈现二次多项式相关。

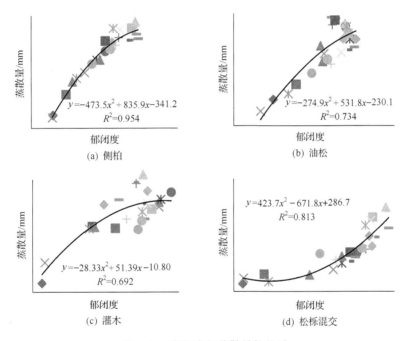

图 7-15　郁闭度与蒸散量的关系

生长季总蒸散量与郁闭度的回归方程为

$$Y_1=-473.5x^2+835.9x-341.2, \qquad R^2 = 0.95, \qquad n=24, \qquad P<0.05 \qquad (7\text{-}50)$$

$$Y_2=-274.9x^2+531.8x-230.1, \qquad R^2 = 0.73, \qquad n=24, \qquad P<0.05 \qquad (7\text{-}51)$$

$$Y_3=-28.33x^2+51.39x-10.80, \qquad R^2 = 0.69, \qquad n=24, \qquad P<0.05 \qquad (7\text{-}52)$$

$$Y_4=423.7x^2-671.8x+286.7, \qquad R^2 = 0.81, \qquad n=24, \qquad P<0.05 \qquad (7\text{-}53)$$

式中，Y_1 代表侧柏林的生长季内总蒸散量，mm；Y_2 代表油松林的生长季内总蒸散量，mm；Y_3 代表灌木林的生长季内总蒸散量，mm；Y_4 代表松栎混交林的生长季内总蒸散量，mm；x 代表郁闭度，m^2/m^2。经检验 4 个方程 R^2 均大于 0.65，P 均小于 0.05，模型拟合效果较好。

3. 生物量与蒸散发的关系

根据叶面积指数与生物量的关系，推导出生长季生物量的变化，与林分总蒸散发量建立相关关系如图 7-16 所示。研究发现，林分总蒸散发量与生物量指数呈正相关关系，即生物量越大林分总蒸散发量越大。四种植被类型都与林分总蒸散发量呈现幂函数相关。

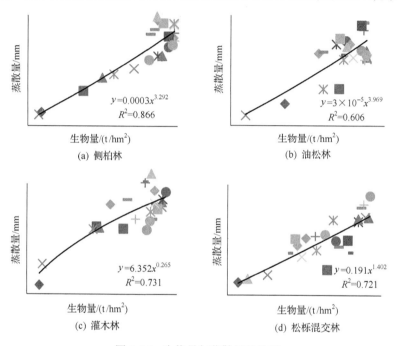

图 7-16　生物量与蒸散量的关系

生长季总蒸散量与生物量的回归方程为

$$Y_1 = -0.000x^{3.292}, \qquad R^2 = 0.87, \qquad n=24, \qquad P<0.05 \qquad (7\text{-}54)$$

$$Y_2 = 3 \times 10^{-5}x^{3.969}, \qquad R^2 = 0.61, \qquad n=24, \qquad P<0.05 \qquad (7\text{-}55)$$

$$Y_3 = 6.352x^{0.265}, \qquad R^2 = 0.73, \qquad n=24, \qquad P<0.05 \qquad (7\text{-}56)$$

$$Y_4 = 0.191x^{1.402}, \qquad R^2 = 0.72, \qquad n=24, \qquad P<0.05 \qquad (7\text{-}57)$$

式中，Y_1 代表侧柏林的生长季内总蒸散量，mm；Y_2 代表油松林的生长季内总蒸散量，mm；Y_3 代表灌木林的生长季内总蒸散量，mm，Y_4 代表松栎混交林的生长季内总蒸散量，

mm；x 代表生物量，t/hm^2。经检验 4 个方程 R^2 均大于 0.6，P 均小于 0.05，模型拟合效果较好。

4. 不同植被结构与蒸散发的关系

为研究不同的叶面积指数、郁闭度和生物量共同对生长季林地总蒸散量的影响，本章采用多元线性回归的方法，建立林地总蒸散量与叶面积指数、郁闭度和生物量的回归方程。运用 SPSS 软件，先将各指标进行标准化，线性回归得到不同植被的不同结构指数与林地总蒸散量的关系为

$$Y_1 = -25.674 + 4.248x_1 + 1.149x_2 \qquad R^2 = 0.96 \qquad (7\text{-}58)$$

$$Y_2 = -22.068 + 2.717x_1 + 1.172x_2 \qquad R^2 = 0.67 \qquad (7\text{-}59)$$

$$Y_3 = -4.574 + 0.889x_1 + 0.426x_2 \qquad R^2 = 0.67 \qquad (7\text{-}60)$$

$$Y_4 = -9.489 + 6.669x_1 + 0.463x_2 \qquad R^2 = 0.61 \qquad (7\text{-}61)$$

式中，Y_1 代表侧柏林的生长季内总蒸散量，mm；Y_2 代表油松林的生长季内总蒸散量，mm；Y_3 代表灌木林的生长季内总蒸散量，mm；Y_4 代表松栎混交林的生长季内总蒸散量，mm；X_1 代表叶面积指数，m^2/m^2；X_2 代表生物量，t/hm^2。

从上面的四个模型看不同林分的叶面积指数和生物量都与林地蒸散量呈正相关关系，之所以没有郁闭度指标是因为叶面积指数与郁闭度存在很大的共线性。将上述模型系数标准化后为

$$Y_1 = -25.674 + 0.446X_1 + 0.486X_2 \qquad Y_2 = -22.068 + 0.392X_1 + 0.475X_2$$

$$Y_3 = -4.574 + 0.34X_1 + 0.458X_2 \qquad Y_4 = -9.489 + 0.671X_1 + 0.131X_2$$

模型中字母代表意义同上，模型中叶面积指数和生物量的系数就是该指标的贡献率，可以看出叶面积指数与生物量对侧柏、油松和灌木林的林地蒸散量的贡献率大体相同且生物量的影响略大于叶面积指数，这是因为林地蒸散量大部分是植被的蒸腾，而叶面积指数增大了叶片的蒸腾，生物量增大了整个植株的蒸腾，而生物量的增大也包含了叶片的增大，故生物量的贡献率略大于叶面积指数；而松栎混交林中的栓皮栎叶片远大于针叶林和灌木林，故叶面积指数的贡献率大于生物量。

为检验模型的合理性，对上述模型进行 t 检验、F 检验和残差的正态性检验，如表 7-14 和图 7-17、图 7-18。其中，F 检验表征模型中各自变量结合起来与因变量之间回归关系的显著性，从表 7-14 可以看出不同林分的各自变量与因变量的线性关系显著性值均小于 0.001，达到了极显著性水平，这说明各林分所得出的线性回归模型是可靠的，为了进一步验证这一点，又进行了模型残差(图 7-17、图 7-18)和累积概率分析，残差直方图表明各林分模型学生化残差基本成标准正态分布，而观测变量累积概率也接近标准正

态分布，从而进一步表明了各林分模型的可靠性。此外，为了更具体了解模型中每个自变量对因变量的影响是否显著进行了 t 检验（表 7-14），整体来看，侧柏林模型变量对因变量的影响最为显著，其他三种林分的显著性值都小于 0.05，说明各自变量与因变量之间确实存在线性关系。

表 7-14　不同林分显著性检验

检验	侧柏林显著性值	油松林显著性值	灌木林显著性值	松栎混交林显著性值
F 检验	0.000	0.000	0.000	0.000
t 常数检验	0.000	0.012	0.042	0.046
t 叶面积指数检验	0.000	0.047	0.016	0.007
t 生物量检验	0.000	0.029	0.048	0.049

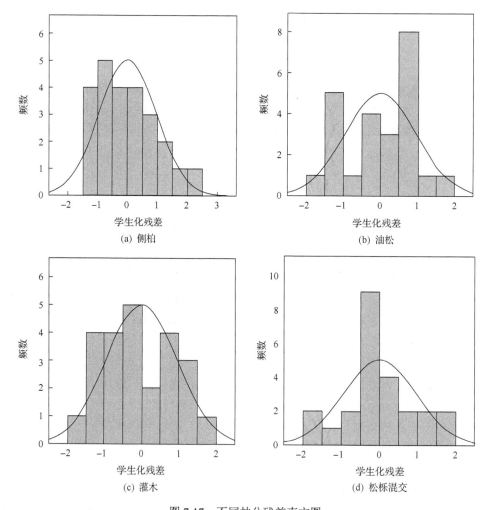

图 7-17　不同林分残差直方图

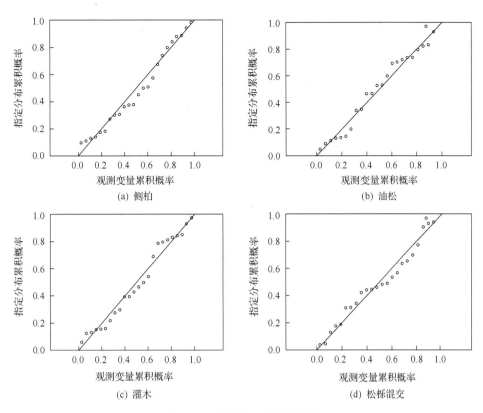

(a) 侧柏

(b) 油松

(c) 灌木

(d) 松栎混交

图 7-18　不同林分累积概率图

第8章 区域蒸散遥感反演

蒸散作为陆地能量与水分平衡的重要项，在调节全球能量与水分分布方面具有重大的作用，并作为能量交换的媒介，使陆地与大气之间的能量达到平衡。区域蒸散不仅影响地区的水分分布，而且影响地区的社会经济发展。遥感技术的发展可以获取大面积的地表区域信息，并用来进行蒸散的定量反演。随着多光谱、高分辨率影像的出现，蒸散发反演机理模型的研究深入，为反演复杂下垫面蒸散提供充分的客观条件。遥感手段与传统方法比较，具有大面积观测、实时监测、测量简单，尤其在一些条件艰苦或是人们无法到达的区域，都得到了应用与验证，在区域蒸散发方面具有明显的优越性。

8.1 地表参数反演

8.1.1 归一化植被指数

归一化植被指数是植被长势与生长状态的最佳指示因子，在植被遥感研究中应用广泛。有植被的地方，NDVI>0，且随植被覆盖度的增大而增大（图 8-1）。本章利用 TM 影像的第 3 波段和第 4 波段，采用以下公式求解：

$$NDVI = \frac{Band4 - Band3}{Band4 + Band3}$$

式中，NDVI 为归一化差值植被指数；Band3 和 Band4 分别为 TM 影像的第 3 波段和第 4 波段。

图例
- 0~0.2
- 0.2~0.4
- 0.4~0.6
- 0.6~0.8
- >0.8

0 1.5 3 6 km

图 8-1 罗玉沟流域植被覆盖度分布图

8.1.2 地表反射率

地表反射率是指地表向各个方向上反射的太阳总辐射通量与到达地表的总辐射通量之比。计算地表反射率的方法有很多，本章通过宽带行星反射率与地表反射率的关系计算地表反射率，计算简单，精度较高。

利用太阳辐射仪器测量地表入射辐射和反射辐射,通过计算求解地表反射率,作为地面验证资料(图 8-2)。通过实测值与遥感反演值进行比较(表 8-1)可得,梯田误差最大,达到了 5%;水体误差最小,为 2%;其他土地利用类型均在此误差之内,这说明遥感影像反演精度较高,可以作为模型输入参数进行运算。

图 8-2　罗玉沟流域地表反射率分布图

表 8-1　各种土地利用类型的反射率实测值与反演值比较

土地利用类型	实测值	反演值
裸地	0.12	0.17
梯田	0.10	0.15
草地	0.14	0.15
果园	0.15	0.16
林地	0.16	0.19
水体	0.25	0.27

8.1.3　地表温度

最初 SEBAL 的模型应用大面积平原地区,通过验证精度很高,前提是假设影像上没有地表起伏,若用模型反演山区的蒸散,需要进行参数优化。很多学者研究表明,可以利用地表温度、地形参数等对模型进行改进。本章针对研究区实际情况,采用高精度 DEM 和地表比辐射率对 SEBAL 模型进行了改进,主要反映在地表温度反演上。地表温度反演比较复杂,本章采 Landsat5 波段 6 计算出的亮度温度经过高精度 DEM 和地表比辐射率校正后获得。

$$T_s = \frac{K_2}{\ln[(K_1 + L_6)/L_6]\varepsilon^{0.25}} + 0.0065\Delta Z \tag{8-1}$$

式中,K_1、K_2 为计算常数,为第 6 波段的光谱辐射亮度;ΔZ 为每个像元的高程减去参考高程,本章采用图像高程的平均值作为参考高程。

罗玉沟流域反演温度(图 8-3)呈现下游高、中游零星散落高点、上游较低的特点。下游为天水市区,地面以柏油马路和人工建筑物为主,白天吸热能力强,故影像上呈现高温区;中游散落很多村落,房屋顶以水泥等为主,也表现为高温度区域;上游以茂密植被为主,下垫面湿润,在影像上呈现低温区。

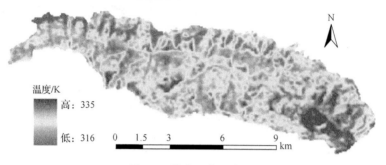

图 8-3　地表温度反演图

8.1.4　地表发射率

根据研究,当 NDVI 为 0.157～0.727 时,地表发射率 ε 可以通过 NDVI 的对数关系近似求取。

$$\varepsilon = 1.009 + 0.047\ln(\mathrm{NDVI}) \tag{8-2}$$

在此,限定当 NDVI<0 时,ε 取 1(水体的发射率接近于 1),当 NDVI 为 0～0.157 时,植被的覆盖度很低,ε 取 0.92;当 DVI 大于 0.727 时,ε 取 1。

8.2　模型各分量反演

利用 SEBAL 模型,输入模型参数、地表反射率、地表温度、地表发射率及相关经验参数,计算净辐射通量、土壤热通量和显热通量。

8.2.1　净辐射量

在净辐射通量反演图(图 8-4)上,罗玉沟流域净辐射通量范围为 404.4～753.0 W/m²。其中,下游的天水市区和裸露地表净辐射量较低,植被覆盖度高和水域的净辐射量较高。由于罗玉沟沟壑较深,阴面接受太阳辐射影响,造成一定的误差。

图 8-4　净辐射通量反演图

8.2.2　土壤热通量

在土壤热通量反演图(图 8-5)上,罗玉沟流域土壤热通量范围为 80.9～150.6 W/m²。土壤热通量分布图与净辐射通量分布图有点相似,均为裸岩与建筑用地较少,而植被与水体较多,农作物介于两者之间。

图 8-5　土壤热通量反演图

8.2.3　蒸散量

图 8-6 表明研究区当日反演蒸散量为 0.3～4.2 mm,平均为 2.96 mm。日蒸散量的空间分布基本上是流域上游大于下游。上游有较多的林地和园地分布,植被覆盖度高,因此水资源的实际蒸散量大,蒸散量多在 2 mm 以上,而下游为大面积的黄丘陵沟壑区和居住区,地表裸露较多,蒸散发量普遍小于 1.5 mm。

图 8-6　2006 年日蒸散量反演图

反演结果表明,平均误差为 0.51 mm,平均相对误差为 12.68%,考虑到参数求解、时间尺度扩展和当地大气条件的不稳定性造成的一些误差,反演精度是合理的。

参照罗玉沟流域土地利用类型图,利用 Arcgis 软件将 2006 年土地利用图与日蒸散量图进行叠加分析计算各种土地覆盖类型上的日蒸散量(表 8-2)分别为:水体日蒸散量最大,为 3.145～4.15 mm,平均值为 3.89 mm;梯田和林地次之,平均值分别为 2.96 mm和 3.01 mm;建筑用地最小,为 2.87 mm。

表 8-2　罗玉沟流域各种土地覆被类型日蒸散量特征统计

土地利用类型	坡耕地	草地	有林地	建筑用地	果园	梯田	水体
最小值	2.015	1.892	1.936	2.185	2.125	1.976	3.145
最大值	3.658	3.609	3.712	3.334	3.442	3.562	4.15
平均值	2.934	3.065	3.01	2.872	2.9	2.916	3.891
标准差	0.25	0.248	0.256	0.20	0.22	0.219	0.188

　　分析研究区内不同土地利用类型的蒸散量直方图见图 8-7。流域蒸散量是由蒸发潜力和供水能力这两个因素的最小值决定的。在干旱的北方主要是地面供水能力、地表水分条件决定流域蒸散发量(程根伟，2004)。辐射平衡是决定蒸散潜能的关键，在气象因素不变的前提下，净辐射由地表覆盖物的反射系数决定反射率的高低，吸收能量多，可供蒸发的能量就大，蒸发能力就强；反之则小。

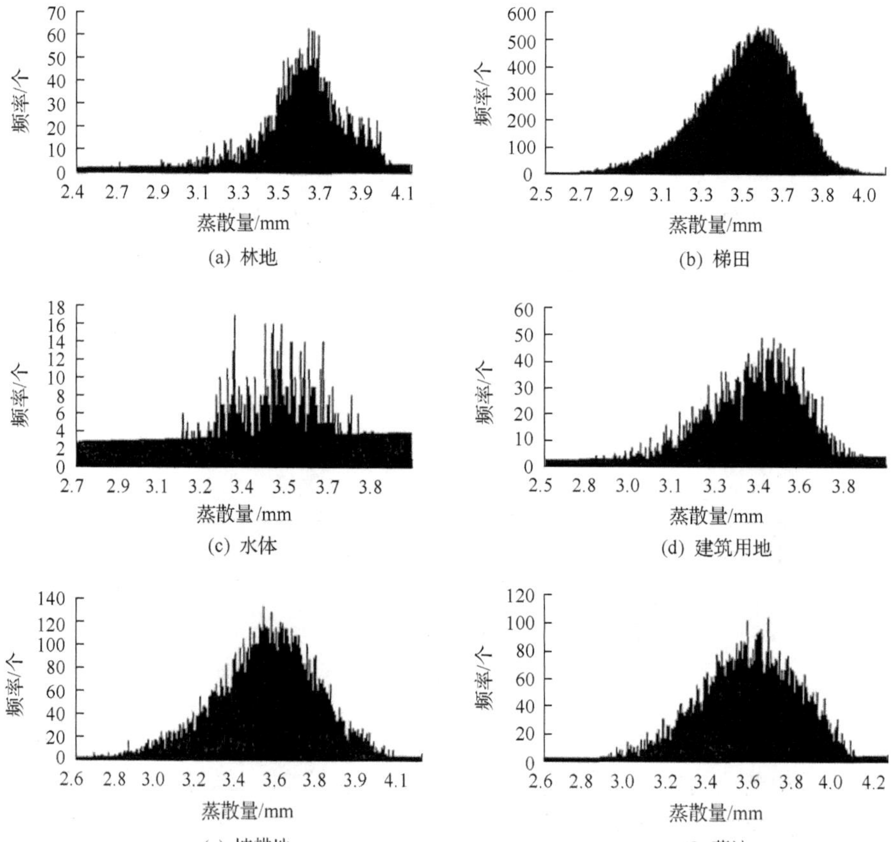

图 8-7　各种土地利用类型日蒸散量对比

　　(1)林地的蒸散量直方图具有双峰结构，其标准差为 0.26 mm，表明罗玉沟流域内的土壤水分供应状况空间分异明显，一天中蒸散量为 2~4 mm，林地海拔较高，土壤含水量大，水分充足，植物蒸腾量大，主要位于罗玉沟流域北侧和高海拔地区。

　　(2)梯田的蒸散量直方图呈现单峰结构，平均值为 2.9 mm，蒸散量变化受气象要素和土壤含水量等多重因素影响。根据研究区的实际情况，分析梯田蒸散量较低的原因得出，影像获取前流域内降雨量较小，土壤含水量低。加上研究区梯田基本不具备灌溉条件，这导致土壤蒸散量较小。

（3）研究区内水体的日平均蒸散量为 4.15 mm，在各种土地利用类型中最大，但标准差最小为 0.19 mm，这表明水体蒸散量空间差异最小。分析流域内水体蒸散量分布，原因可能是 SEBAL 模型基于陆面能量平衡原理，适用于大面积下垫面变化不大的区域，由于模型中很多参数都有一定的假设或是限制，无法满足用于水体的蒸散反演的条件。另外，水面的性质与地表有很大差异，包括反射率、热通量等参数，故模型中无法运用这些参数对水体蒸散进行估算。

（4）建筑用地的直方图呈现单峰结构，蒸散量也达到接近 3 mm。这主要是由于研究区在城乡地区、房前屋后实施"四边""四旁"绿化，利用空置闲地植树种草改善了生态环境、提高了绿化率。因此，本章解译的建筑用地中除了包括居民地以外，还包括少量林牧业用地，反演光谱中不仅含有建筑物光谱信息，还混杂大量的植物光谱信息，所以遥感反演结果中建筑用地也具有较大的蒸散量。

（5）在退耕还林政策以前，坡耕地面积占到罗玉沟流域面积的 80% 以上，后来多被开垦为梯田。由于研究区内坡耕地面积较大占到罗玉沟总面积的 17.29%，故单独拿出来分析。坡耕地作为在山区落后的生产条件下、人口与资源矛盾冲突中出现的产物，在罗玉沟流域是重要的农业生产资源。坡耕地的日蒸散量直方图呈现为标准的单峰图，平均值为 2.9 mm。坡耕地中作物复杂，既有农作物也有次生林，蒸散量较大。作为黄土高原缺水区来说，坡耕地是耗水的种植方式之一，故研究其蒸散量对整个地区的水资源合理利用有重要意义。

（6）草地面积在罗玉沟流域占到 4.77%，日蒸散量在 3 mm 左右，草地的日蒸散量直方图呈现为单峰，空间差异较大。草地的蒸散总量是由土壤蒸发量和植被蒸腾量两部分组成。其中，土壤蒸发贡献量大于植被蒸腾贡献量，在罗玉沟流域，下垫面水分充足，土壤蒸发对土壤湿度敏感，为草地蒸散量提供基础条件。

罗玉沟流域不同土地利用日蒸散量空间分布规律为：不同土地利用类型日蒸散量差异显著，水体和林地日蒸散量最大，梯田和草地次之，建筑用地最小。

各种土地覆被类型的植被结构组成不同，对辐射能量的吸收不同，故各种土地利用类型蒸散量直方图有一定的差异。其中，水体的日平均蒸散量相对其他土地覆盖类型最大，空间差异最小。林地的蒸散量直方图具有双峰结构，标准差较大。梯田直方图有单峰结构，具有很大的差异性。坡耕地、建筑用地和草地都具有单峰结构，但草地的空间差异性明显小于坡耕地和建筑用地。

8.3　模型验证与地表参数关系研究

8.3.1　模型验证

采用研究区内各种土地利用类型的实测蒸散量作为标准值，将改进前和改进后的 SEBAL 模型反演结果进行比较，如表 8-3 所示，反演结果表明，改进前平均误差为 0.71 mm，平均相对误差为 12.68%；改进后平均误差为 0.43 mm，平均相对误差为 8.32%，考虑到参数求解、时间尺度扩展和当日大气条件的不稳定性造成的误差，认为反演精度是合理的。

表 8-3　模型改进前后土地利用类型的日蒸散量与实测值比较

土地利用类型	SEBAL 改进前	SEBAL 改进后	实测值	精度提高/%
裸地	3.76	2.82	3.12	19.6
梯田	4.51	2.92	3.24	21.3
草地	4.62	3.07	3.31	23.3
林地	4.73	3.02	4.42	26.6

参考实测蒸散量可得，改进后的模型适合于罗玉沟流域，具有区域优化的功能。进行改正之后，体现厂山区地形的复杂性，从两者反演蒸散量精度误差得知，改进后精度平均提高了 22.7%，主要是由于在日蒸散的计算中，全天总辐射得到 DEM 的纠正，提高了精度。

8.3.2　蒸散与关键参数关系研究

1. 日蒸散发量与归一化植被指数的关系分析

NDVI 的定义是近红外减去可见光红波段数值除以两波段数值相加，在植被遥感与遥感研究中有广泛的应用，可以很好地指示植被长势及植被覆盖度。本章在影像上采集了 1000 个样点，建立与 NDVI 相关性分析（图 8-8）。

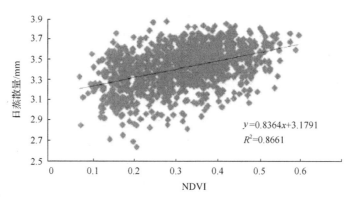

图 8-8　日蒸散量与关系图

由图 8-8 可得，流域内日蒸散量与 NDVI 关系为线性，相关系数为 0.87，这说明在罗玉沟流域，NDVI 与植被水分状况相关性较显著。当土壤含水量大时，植被覆盖度高，NDVI 值大，显热通量增大，故蒸散量大，当温度达到一定数值后，植物自我保护，气孔关闭，导致水分消耗少，此时显热通量变小，蒸散量小。

2. 日蒸散发量与植被覆盖度的关系分析

植被覆盖度是描述下垫面植被状况的量化值, 定量描述植被覆盖状况, 应用广泛。根据植被覆盖度与 NDVI 的线性关系求解, 并对流域内日蒸散量和植被覆盖度进行了相关性分析, 日蒸散量与植被覆盖度线性相关度高(图 8-9), 相关系数为 0.58, 高植被覆盖区域高, 反之, 相关性不显著。

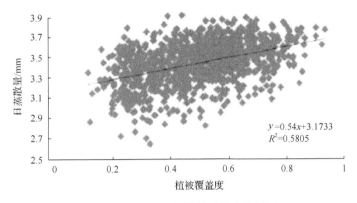

图 8-9　日蒸散量与植被覆盖度关系图

植被覆盖度高的地区, 植被蒸腾量大, 加上下层土壤潮湿、含水量大、水分充足, 两者之和较大; 在植被覆盖度较低的地区, 植被稀疏、蒸腾量小, 加之地表状况的影响, 导致了日蒸散量较低。

3. 日蒸散发量与地表温度的关系分析

地表温度是地表热量平衡的重要项, 表征地表与大气之间相互作用和能量转换。本章利用从反演影像上随机提取像元点来对日蒸散量和地表温度进行相关性分析(图 8-10), 发现两者呈指数关系。当地表温度为 290~295 K 时, 日蒸散量较大, 并且分布集中; 地表温度为 296~305 K 时, 日蒸散发量有所减小; 地表温度为 295 K 时, 日蒸散发量达到最大值。

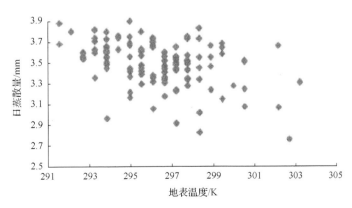

图 8-10　日蒸散与地表温度关系图

研究说明日蒸散量随着地表温度变化有一定的阈值，并不是随着温度的升高一直升高，在图像上呈现出先增大后减小的趋势。当温度达到一定高度时，由于土壤含水量和植被生理功能保护器官等因素的影响，日蒸散量达到饱和。当低于这一温度时，日蒸散量随着温度的升高而增大，当超过这一温度时，蒸散量会有所下降。

4. 日蒸散发量与地形参数的关系分析

针对罗玉沟流域，利用遥感反演蒸散时，不能忽略地形因素。本章采用 DEM 和地表反射率对 SEBAL 模型进行区域优化，从高程、坡度、坡向分析地形因子对蒸散的影响。

1）高程对蒸散的影响研究

在多山地区，计算净辐射通量时要充分考虑地形因素对太阳短波辐射的影响，故引入 DEM 参与运算。将反演的日蒸散量与地形因子进行相关性分析得出日蒸散量与高程因子线性相关度低(图 8-11)，相关系数为 0.0096。

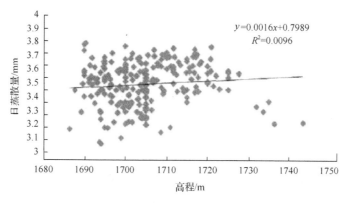

图 8-11　蒸散量与高程关系图

高程的变化导致温度的变化，但日蒸散量与高程因子相关性低，这表明高程对日蒸散量的直接影响较小，可能是因为在高海拔地区，土壤潮湿，容易蒸发，植被较少，植物蒸腾量较少；而在低海拔地区，由于土壤温度高，表层含水量较低，但植被覆盖较大，故总体上两者呈平衡态势，日蒸散量没有明显变化。

2）坡度、坡向对蒸散的影响分析

坡度影响太阳辐射的分布，是地形参数中重要的一项，并影响着下垫面的形状与起伏。本章通过研究得到——蒸散与坡度、坡向关系不明显，日蒸散未出现突变，因为尽管河谷低洼，太阳辐射较少，但由于水体作用，其表面土壤含水量较大，弥补了辐射热量小而造成的蒸散量减少。阴坡接收净辐射最低，而蒸散并不少，这是因为阴坡地表含水量较大，空气潮湿，地表温度较低，植被状况良好，因此蒸散量也较大。

8.3.3　蒸散与土地利用关系研究

1. 土地利用变化

通过 1986 年遥感影像解译及 2006 年研究区土地利用现状的实际调绘，获得 1986 年和 2006 年土地利用状况。由表 8-7 可知，两个时期研究区主要土地利用类型为有林地、坡耕地和梯田，面积之和约占 82.2%，2006 年研究区林地和梯川面积分别较 1986 年增加 107.5%和 275.0%，坡耕地面积减少 76.5%。

表 8-4 的结果表明，1986~1995 年，罗玉沟流域土地利用/覆被变化显著，其中坡耕地面积由 48386.30 hm^2 减少到 10955.13 hm^2，平均每年减少 3743.08 hm^2。林地由 4168.34 hm^2 增加到 5567.34 hm^2，平均每年增加 140 hm^2。水域的面积变化相对较小，面积的增加主要是修建水库及建设水渠引起的居民地与建设用地明显增加，由 1986 年的 2371.75 hm^2 增加到 1995 年的 2374.71 hm^2，增加了 3 hm^2。梯田变化显著，由原来的 2866.85 hm^2 增加到 38796.66，在 10 年内，净增加了 35929.81 hm^2，平均每年增加 3592.98 hm^2。

表 8-5 的结果表明，1995~2001 年罗玉沟流域各种土地利用类型变化不大，建筑用地和有林地略有增加，分别增加 0.16 hm^2 和 0.9 hm^2，梯田面积在此期间开始下降，面积比重也由 61.69%下降到 60.66%，在 5 年内总计减少 20 hm^2，其中有 34.32 hm^2 转变成了果园，15.47 hm^2 转转变成了有林地。通过统计分析表明，在此期间梯田面积的减少主要是因为国家在 1999 年提出退耕还林政策以来，农户开始退耕还林、还草，种植大量的果树幼苗和刺槐等，坡度为 25°以上的梯田和坡耕地都实施了退耕还林。

表 8-4　1986~1995 年土地利用转移矩阵

1986 年	1995 年						总计
	建筑用地	果园	坡耕地	梯田	天然草地	有林地	
建筑用地	2371.76						2371.76
果园	0.35	1820.56	93.26	27.12			1941.29
坡耕地	0.73	1.90	10950.44	0.23		2.14	10955.44
梯田	1.86	32.40	35931.79	2839.29	0.10	7.71	38813.15
草地					3012.91		3012.91
有林地			1410.72			4120.35	5531.07
总计	2374.70	1854.86	48386.21	2866.64	3013.01	4130.20	62625.62

表 8-5　1995~2001 年土地利用转移矩阵

1995 年	2001 年						总计
	建筑用地	果园	坡耕地	梯田	天然草地	有林地	
建筑用地	2368.10	0.65	1.14	3.81	0.02	0.34	2374.06
果园	0.21	1936.10	0.69	34.32	0.01	0.49	1971.82
坡耕地	1.27	0.68	10950.10	8.06	1.43	2.51	10964.05
梯田	3.92	15.20	8.66	38778.17	1.20	14.76	38821.91
草地	0.02	0.03	0.93	1.53	3009.54	0.09	3012.14
有林地	0.37	0.32	2.85	15.47	0.06	5797.96	5817.03
总计	2373.89	1952.98	10964.37	38841.36	3012.26	5816.15	62961.01

　　表 8-6 的结果表明，2001～2006 年期间罗玉沟建筑用地构增幅度较大，增加了 695.49 hm²，面积比重由 3.75%增加到 4.86%。果园和有林地增加，果园由 1988.32 hm² 递增到 2066.79 hm²，由此可见罗玉沟流域的果园面积增加速度开始加速林地面积进一步增加，面积百分数也由 31.63%迅速增加到 33.22%，在 5 年时间里增加了 700 hm²， 通过对林地分类结果的统计分析表明，在此期间林地面积的增加主要是退耕还林政策后，未成年林地都长成成林，而 2006 年的实地考察则进一步证实了我们的研究结果。梯田面积减小，草地面积增加，但变化幅度都不大。利用 GIS 通过对整个研究时段的土地利用数据统计分析表明(表 8-7)，20 年间，罗玉沟流域有林地向坡耕地小幅度转移，但牧草地、梯田部分转化为有林地，致使有林地增加，某些坡耕地变为梯田和居民用地，由于退耕还林，部分梯田又转为居民用地和林地，因而面积明显减小，梯田面积明显扩大，从而优化了土地利用结构。

表 8-6　2001～2006 年土地利用转移矩阵

2001 年	2006 年						总计
	建筑用地	果园	坡耕地	梯田	天然草地	有林地	
建筑用地	2353.51	21.76	230.24	460.55	0.05	1.23	3067.34
果园	1.26	1889.79	71.25	100.93	0.05	3.51	2066.79
坡耕地	2.19	1.83	9465.16	14.46	1.50	8.96	9494.10
梯田	14.02	68.28	673.94	37954.16	2.32	16.41	38729.13
草地	0.06	0.03	52.69	1.91	3007.79	0.12	3062.6
有林地	0.81	6.63	418.04	242.94	0.14	6035.57	6704.13
总计	2371.85	1988.32	10911.32	38774.95	3011.85	6065.80	63124.09

表 8-7　罗玉沟流域 1986～2006 年土地利用转移矩阵

1986 年	2006 年						总计
	果园	有林地	草地	建筑用地	梯田	坡耕地	
果园	1840.95				27.13	92.34	1960.42
有林地		4158.50				1408.84	5567.34
草地			3013.02				3013.02
建筑用地				2371.95			2371.95
梯田	12.51	7.70	0.10	1.86	2839.50	35935.00	38796.67
坡耕地	1.90	2.14		0.23	0.23	10950.12	10955.12
总计	1855.36	4168.34	3013.12	2374.54	2866.85	48386.32	62664.53

　　2. 蒸散发变化

　　利用反演 2006 年 TM 影像蒸散量的相同方法计算年影像的日蒸散，得到各个流域的蒸散量如表 8-8 所示。

表 8-8　1986 年 7 月 31 日罗玉沟各个流域日蒸散量

流域	最小值	最大值	平均值
下游	2.056	3.562	2.91
赵家河	1.936	3.609	2.961
上游	2.104	3.712	2.997
南家湾	1.976	3.5	2.864
刘家河	1.892	3.561	3.021

本章采用无量纲的分析方法对两个时相的值进行标准化处理后将研究区的蒸散数据统一到 0~1 之间，再进行差值运算，得到近 20 年的区域蒸散格局变化情况。根据平均间隔的五级分类法，以–0.5、0、0.5 为阈值，得到 1986~2006 年 ET 的变化影像图(图 8-12)。

图 8-12　1986~2006 年日蒸散变化影像图

2006 年比 1986 年显著增大的区域占到 47.06%，显著减小的占到 13.2%，这说明流域整体蒸散量显著增大。通过图 8-12 和表 8-8 分析可得增大区域主要分布在上游和南家湾流域，占到总的 35%以上；显著减小的区域主要为下游和赵家河流域，占到总的 8.3%。

3. 蒸散发变化与土地利用变化之间的关系

运用两个时期的蒸散量与土地利用图分析土地利用变化与日蒸散量的关系，得出蒸散量的空间分布与土地利用类型有关，ET 的高值区主要在罗玉沟沟道两侧和高植被覆盖区低值区，土地利用类型为建设用地、裸地等，这说明土地利用覆盖的特点基本控制了研究区域 ET 的区域分布特点。

ET 变化的空间分布和植被覆盖度的空间分布具有很大的相关性，ET 增大对应着植被覆盖度较高的区域，减少对应着植被覆盖度较低的区域。分析其原因，坡耕地变为梯田或有林地，有利于地表的蒸散，故这部分区域 ET 增大；裸土地和建筑用地区域植被覆盖度低，ET 显著减小；梯田、有林地、牧草地等覆盖度虽有变化但总量相对持平，故蒸散量基本不变。

相比较而言，两个时期不同土地利用覆盖类型下特征变化不明显，均为水体最大，梯田和林地次之，建筑用地最小。20 年间，罗玉沟流域坡耕地和梯田明显转移是其频率分布差异的主因，田间作物种类结构、作物覆盖度的变化是次因。1986 年水体的日 ET 量为 4.20 mm，梯田的日 ET 量为 1.65 mm，建设用地的日 ET 量为 1.05 mm。2006 年水体的日 ET 量为 4.53 mm，梯田的日 ET 量为 1.86 mm，建设用地的日 ET 量为 1.46 mm。对比两年的日平均气温得到：由于全球气候变暖，2006 年平均气温高于 1986 年，年降雨量呈递减趋势，在各种气候因素作用下，2006 年各个类型的日 ET 量都大于 1986 年的日 ET 量。

参 考 文 献

《21 世纪中国可持续发展水资源法战略研究》项目综合组. 2000. 中国可持续发展水资源法战略研究综合报告[J]. 中国水利, (2): 5-17.

白洁, 刘绍民, 丁晓萍, 等. 2010b. 大孔径闪烁仪观测数据的处理方法研究[J]. 地球科学进展, 25(11): 1148-1165.

白洁, 刘绍民, 丁晓萍. 2010a. 海河流域不同下垫面上大孔径闪烁仪观测显热通量的时空特征分析[J]. 地球科学进展, 25(11): 1187-1198.

布德科 М И. 1960. 地表面热量平衡[M]. 北京: 科学出版社.

蔡旭晖, 朱明佳, 刘绍民, 等. 2010. 大孔径闪烁仪的通量印痕分析与应用[J]. 地球科学进展, 25(11): 1166-1174.

蔡旭晖. 2008. 湍流微气象观测的印痕分析方法及其应用拓展[J]. 大气科学, 32(1): 123-132.

曹燕丽, 卢琦, 林光辉. 2002. 氢稳定性同位素确定植物水源的应用与前景[J]. 生态学报, 22(1): 111-117.

陈凤. 2004. 作物蒸发蒸腾的测量及作物系数变化规律的研究[D]. 杨凌: 西北农林科技大学硕士学位论文.

陈吉琴. 2007. 近 50a 来长江流域气象因素分析及蒸发变化原因初探[D]. 南京: 河海大学硕士学位论文.

陈建耀, 刘昌明, 吴凯. 1999. 利用大型蒸渗仪模拟土壤-植物-大气连续体水分蒸散[J]. 应用生态学报, 10(1): 45-48.

陈杰, 齐亚东. 1990. 对应用氚水法测定林木蒸腾量的评价[J]. 东北林业大学学报, 18(3): 105-113.

陈磊. 2012. 植被变化和地形对干旱半干旱区天气气候的影响[D]. 兰州: 兰州大学博士学位论文.

陈立欣, 张志强, 李湛东, 等. 2010. 大连 4 种城市绿化乔木树种夜间液流活动特征[J]. 植物生态学报, 34(5): 535-546.

陈玲. 2007. 基于改进的 SEBAL 模型估算区域蒸散发 [D]. 兰州: 兰州大学硕士学位论文.

陈世萍, 白永飞, 韩兴国. 2002. 稳定性碳同位素技术在生态学研究中的应用[J]. 植物生态学报, 26(5): 549-560.

程根伟, 陈桂蓉. 2004. 森林流域蒸散发的控制要素与区域差异探讨[J]. 山地学报, 22(2): 175-178.

程云. 2007. 缙云山森林水源涵养机制及其生态功能价值评价研究[D]. 北京: 北京林业大学博士学位论文.

褚英敏, 袁再健, 刘畅, 等. 2011. SiB$_2$ 模型在黄灌区的应用探讨[J]. 水土保持研究, 18(2): 159-163.

崔启武, 孙延俊. 1979. 论水热平衡联系方程[J]. 地理学报, 34(2): 169-178.

邓芳萍, 刘闻, 苏高利. 2008. 区域蒸散的遥感研究进展[J]. 科技通报, 24(4): 465-472.

段爱国, 张建国, 张俊佩, 等. 2009. 金沙江干热河谷植被恢复树种盆栽苗蒸腾耗水特性的研究 [J]. 林业科学研究, 22(1): 55-62.

段爱旺. 1995. 一种可以直接测定蒸腾速率的仪器——茎流计[J]. 灌溉排水, 14(3): 44-47.

段德玉, 欧阳华. 2007. 稳定氢氧同位素在定量区分植物水分利用来源中的应用[J]. 生态环境学报, 16(2): 655-660.

樊引琴. 2001. 作物蒸发蒸腾量的测定与作物需水量计算方法的研究[D]. 杨凌: 西北农林科技大学硕士学位论文.

范晓梅. 2011. 长江源区植被覆盖变化对高寒草甸蒸散的影响及作物系数的确定[D]. 兰州: 兰州大学硕士学位论文.

傅抱璞. 1981. 论陆面蒸发的计算[J]. 大气科学, 5(1): 23-31.

甘甫平, 陈伟涛, 张绪教, 等. 2006. 热红外遥感反演陆地表面温度研究进展[J]. 国土资源遥感, 1(67): 6-11.

高彦春, 龙笛. 2008. 遥感蒸散发模型研究进展[J]. 遥感学报, 12(3): 515-528.

高永年, 高俊峰, 张万昌, 等. 2010. 地形效应下的区域蒸散遥感估算[J]. 农业工程学报, 26(10): 218-223.

高志球, 卞林根, 程彦杰. 2002. 利用生物圈模型 (SiB2) 模拟青藏高原那曲草原近地面层能量收支[J]. 应用气象学报, 13(2): 129-141.

郭家选, 李巧珍, 严昌荣, 等. 2008 .干旱状况下小区域灌溉冬小麦农田生态系统水热传输[J]. 农业工程学报, 24:(12)20-24.

郭家选, 李玉中, 严昌荣, 等. 2006. 华北平原冬小麦农田蒸散量[J]. 应用生态学报, 17(12): 2357-2362.

郭家选, 梅旭荣, 林琪, 等. 2006. 冬小麦农田暂时水分胁迫状况下水、热通量日变化[J]. 生态学报, 26:(1) 130-137.

郭家选, 梅旭荣, 卢志光, 等. 2004. 测定农田蒸散的涡度相关技术[J]. 中国农业科学, 37(8): 1172-1176.

郭家选, 梅旭荣, 赵全胜. 2004. 测定农田蒸散的涡度相关技术[J]. 中国农业科学, 37:(8)1172-1176.

郭利峰, 牛树奎, 阚振国. 2007. 北京八达岭人工油松林地表枯死可燃物负荷量研究[J]. 林业资源管理, 10(5): 53.

郭利峰. 2007. 北京八达岭林场人工油松林燃烧性研究[D]. 北京: 北京林业大学硕士学位论文.

韩磊. 2011. 黄土半干旱区主要造林树种蒸腾耗水及冠层蒸腾模拟研究[D]. 北京: 北京林业大学博士学位论文.

何洪林, 于贵瑞. 2003. 复杂地形条件下的太阳资源辐射计算方法研究[J]. 资源科学, 25(1): 78-85.

胡光成. 2010. 银川平原地表蒸发量的估算及其在生态水文地质中的应用[D]. 北京: 中国地质大学博士学位论文.

黄妙芬, 刘绍民, 朱启疆. 2004. LAS 测定显热通量的影响因子分析[J]. 干旱区资源与环境, 26(4): 133-138.

黄妙芬, 邢旭峰, 刘素红. 2005. 反演地表温度三要素获取途径研究及其研究价值[J]. 干旱区地理, 28(4): 541-547.

黄枝英, 史宇, 焦一之, 等. 2012. 北京山区典型人工林土壤水分动态研究[J]. 干旱区资源与环境, 26(11): 166-171.

贾国栋. 2013. 基于稳定氢氧同位素技术的植被-土壤系统水分运动机制研究[D]. 北京: 北京林业大学博士学位论文.

贾剑波, 余新晓, 李轶涛, 等. 2013. 北京山区油松的耗水规律[J]. 中国水土保持科学, 11(3): 55-58.

贾贞贞, 刘绍民, 毛德发, 等. 2010. 基于地面观测的遥感监测蒸散量验证方法研究[J]. 地球科学进展, 25(11): 1248-1260.

金晓媚, 万力, 梁继运. 2008. 甘肃张掖盆地区域蒸散量变化规律及其影响因素分析[J]. 南京大学学报(自然科学版), 44(5): 569-574.

巨关升, 刘奉觉, 郑世楷. 1998. 选择树木蒸腾耗水测定方法的研究[J]. 林业科技通讯, 10: 12-14.

康博文. 2005. 黄土高原城市森林常见树种苗木蒸腾耗水研究[D]. 杨凌: 西北农林科技大学硕士学位论文.

康磊, 殷丽. 2009. 基于冠层结构的森林土壤蒸发模型研究综述[J]. 安徽农业科学, 37(25): 12270-12273.

康磊. 2009. 基于冠层结构之森林土壤蒸发数学模型的研究[D]. 北京: 中国林业科学研究院硕士学位论文.

康绍忠, 刘晓明, 熊运章. 1994. 土壤-植物-大气连续体水分传输理论及其应用[M]. 北京: 水利水电出版社.

康文星. 1993. 杉木人工林蒸发散及能量消耗规律的研究[J]. 中南林学院学报, 6(1): 74-80.

李海涛, 陈灵芝. 1997. 用于测定树干木质部蒸腾液流的热脉冲技术研究概况[J]. 植物学通报, 14(4): 24-29.

李红霞, 张永强, 张新华, 等. 2011. 遥感 Penman-Monteith 模型对区域蒸散发的估算[J]. 武汉大学学报(工学版), 44(4): 457-461.

李晖, 周宏飞. 2006. 稳定性同位素在干旱区生态水文过程中的应用特征及机理研究[J]. 干旱区地理, 29(6): 800-816.

李嘉竹, 刘贤赵. 2008. 氢氧稳定同位素在 SPAC 水分循环中的应用研究进展[J]. 中国沙漠, 28(4): 787-794.

李明财, 罗天祥, 郭军, 等. 2008. 藏东南高山林线冷杉原始林土壤热通量[J]. 山地学报, 26(4): 490-495.

李思恩, 康绍忠, 朱治林, 等. 2008. 应用涡度相关技术监测地表蒸发蒸腾量的研究进展[J]. 中国农业科学, 41(9): 2720-2726.

李伟权, 陈映华, 郭琳晶, 等. 2009. 如何综合使用 SPSS 和 Surfer 绘制风向频率随时间变化图[J]. 电脑知识与技术: 学术交流, 5(2): 954-955.

李新, 黄春林, 车涛, 等. 2007. 中国陆面数据同化系统研究的进展与前瞻[J]. 自然科学进展, 17(2): 163-173.

李薛飞. 2011. 齐齐哈尔地区五种树木蒸腾速率研究[D]. 哈尔滨: 东北林业大学硕士学位论文.

李延呈, 杨吉华, 房用. 等. 2009. 稳态气孔计法和标准浸水法测定杨树蒸腾耗水的比较[J]. 山东大学学报, 44(1): 7-12.

李远, 孙睿, 刘绍民, 等. 2010. 大孔径闪烁仪观测数据在陆面模式验证中的应用初探[J]. 地球科学进展, 25(11): 1237-1247.

李占清, 翁笃鸣. 1990. 丘陵山区地面辐射场的数据模拟[J]. 南京气象学报, 13(2): 184-193.

刘昌明, 张喜英, 由懋正. 1998. 大型蒸渗仪与小型棵间蒸发器结合测定冬小麦蒸散的研究[J]. 水利学报, (10): 36-39.

刘畅. 2008. 北京市八达岭林场阔叶次生林林分结构与健康经营关键技术研究[D]. 北京: 北京林业大学硕士学位论文.

刘朝顺. 2008. 区域尺度地表水热的遥感模拟及应用研究——以山东省为例[D]. 南京: 南京信息工程大学博士学位论文.

刘晨峰, 张志强, 查同刚. 2006. 涡度相关法研究土壤水分状况对沙地杨树人工林生态系统能量分配和蒸散日变化的影响[J]. 生态学报, 26(8): 2551-2557.

刘晨峰, 张志强, 孙阁, 等. 2009. 基于涡度相关法和树干液流法评价杨树人工林生态系统蒸发散及其环境响应[J]. 植物生态学报, 33(4): 706-718.

刘渡, 李俊, 于强, 等. 2012. 涡度相关观测的能量闭合状况及其对农田蒸散测定的影响[J]. 生态学报, 32(17): 5309-5317.

刘奉觉, 郑世锴, 巨关升, 等. 1997. 树木蒸腾耗水测算技术的比较研究[J]. 林业科学, 33(2): 117-126.

刘奉觉. 1990. 用快速称重法测定杨树蒸腾速率的技术研究[J]. 林业科学研究, 3(2): 162-165.

刘国水, 刘钰, 许迪. 2011. 基于涡度相关仪的蒸散量时间尺度扩展方法比较分析[J]. 农业工程学报, 27(6): 7-12.

刘海军, Cohen S, Tanny J, 等. 2007. 应用热扩散法测定香蕉树蒸腾速率[J]. 应用生态学报, 18(1): 35-40.

刘京涛, 刘世荣. 2006. 植被蒸散研究方法的进展与展望[J]. 林业科学, 42(6): 108-114.

刘京涛. 2006. 岷江上游植被蒸散时空格局及其模拟研究[D]. 北京: 中国林业科学研究院博士学位论文.

刘绍民, 李小文, 施生锦, 等. 2010. 大尺度地表水热通量的观测. 分析与应用[J]. 地球科学进展, 25(11): 1113-1126.

刘世荣, 孙鹏森, 温远光. 2003. 中国主要森林生态系统水文功能的比较研究[J]. 植物生态学报, 27(1): 16-22.

刘世荣, 温远光, 王兵, 等. 1996. 中国森林生态系统水文生态规律[M]. 北京: 中国林业出版社.

刘树华, 于飞, 刘和平, 等. 2007. 干旱、半干旱地区蒸散过程的模拟研究[J]. 北京大学学报, 43(3): 359-366.

刘文国. 2007. 杨树人工林蒸腾耗水特性及其与环境因子关系的研究[D]. 保定: 河北农业大学硕士学位论文.

刘文杰, 李鹏菊, 李红梅, 等. 2006. 西双版纳热带季节雨林林下土蒸发的稳定性同位素分析[J]. 生态学报, 26(5): 1303-1311.

刘喜云. 2007. 3S 技术支持下的山地土壤基层分类及大比例尺制图研究——以鹫峰国家森林公园为例[D]. 北京: 北京林业大学.

刘雅妮, 辛晓洲, 柳钦火, 等. 2010. 基于多尺度遥感数据估算地表通量的方法及其验证分析[J]. 地球科学进展, 25(11): 1261-1272.

刘苑秋, 王红胜, 郭圣茂, 等. 2008. 江西省退化石灰岩红壤区重建森林土壤水分与降水量和蒸发量的关系[J]. 应用生态学报, 19(12): 2588-2592.

刘振兴. 1956. 论地面蒸发的计算[J]. 气象学报, 27(4): 15-27.

柳鉴容. 2008. 中国大气降水稳定氢氧同位素研究[D]. 北京: 中国科学院地理科学与资源研究所硕士学位论文.

卢利. 2008. 地表显热通量的观测、影响因子和尺度关系的研究[D]. 北京: 北京师范大学博士学位论文.

卢俐, 刘绍民, 孙敏章, 等. 2005. 大孔径闪烁仪研究区域地表通量的进展[J]. 地球科学进展, 20(9): 932-938.

卢俐, 刘绍民, 徐自为, 等. 2010. 大孔径闪烁仪和涡动相关仪观测显然通量之间的尺度关系[J]. 地球科学进展, 25(11): 1273-1282.

罗兰娥, 王修信, 王佳菊, 等. 2008. 北京地区草地蒸散影响因素分析方法的比较[J]. 广西物理, 29(4): 9-11.

马迪, 吕世华, 陈晋北, 等. 2010. 大孔径闪烁仪测量戈壁地区感热通量[J]. 高原气象, (1): 56-62.

马建新, 陈亚宁, 李卫红, 等. 2010. 荒漠防护林典型树种液流特征及其对环境因子的响应[J]. 生态学报, 30(3): 579-586.

马雪华. 1993. 森林水文学[M]. 北京: 中国林业出版社.

马雪宁, 张明军, 李亚举, 等. 2012. 土壤水稳定同位素研究进展[J]. 土壤, 44(4): 554-561.

马耀明, 王介民, Menenti M, 等. 1997. HEIFE 非均匀陆面上区域能量平衡研究[J]. 气候与环境研究, 2(3): 293-301.

米娜, 陈鹏狮, 张玉书, 等. 2009. 几种蒸散模型在玉米农田蒸散量计算中的应用比较[J]. 资源科学, 31(9): 1599-1606.

闵程程. 2012. 基于 RS 和 GIS 的中国东部南北样带森林生态系统蒸散研究[D]. 武汉: 湖北大学硕士学位论文.

潘恬豪. 2011. 梨树树干液流的动态研究[D]. 太原: 山西大学硕士学位论文.

裴步祥. 1989. 蒸发和蒸散的测定与计算[M]. 北京: 气象出版社.

裴超重, 钱开铸, 吕京京, 等. 2010. 长江源区蒸散量变化规律及其影响因素[J]. 现代地质, 24(2): 362-368.

彭谷亮, 蔡旭辉, 刘绍民. 2007. 大孔径闪烁仪湍流通量印痕模型的建立与应用[J]. 北京大学学报(自然科学版), 43(6): 822-827.

彭世彰, 索丽生. 2004. 节水灌溉条件下作物系数和土壤水分修正系数试验研究[J]. 水利学报, (1): 17-21.

钱学伟, 李秀珍. 1996. 陆面蒸发计算方法述评[J]. 水文, (6): 24-31.

强小嫚, 蔡焕杰, 王健. 2009. 波文比仪与蒸渗仪测定作物蒸发蒸腾量对比[J]. 农业工程学报, 25(2): 12-17.

申双和, 崔兆韵. 1999. 棉田土壤热通量的计算[J]. 气象科学, 19(3): 276-281.

申双和, 周英. 1991. 国外森林蒸散的测定、计算与模拟[J]. 中国农业气象, 12(1): 51-55.

沈润平, 田鹏飞. 2010. 基于遥感的 SEBAL 模型反演区域地表显热和潜热通量研究[C]. 第十七届中国遥感大会摘要集.

石辉, 刘世荣, 赵晓广. 2003. 稳定性氢氧同位素在水分循环中的应用[J]. 水土保持学报, 17(2): 163-166.

石俊杰, 龚道枝, 梅旭荣, 等. 2012. 稳定同位素法和涡度-微型蒸渗仪区分玉米田蒸散组分的比较[J]. 农业工程学报, 28(20): 114-120.

史宇, 2011. 北京山区主要优势树种森林生态系统生态水文过程分析[D]. 北京: 北京林业大学.

双喜, 刘绍民, 徐自为, 等. 2009. 黑河流域观测通量的空间代表性研究[J]. 地球科学进展, 24(7): 724-733.

司建华, 冯起, 张小由, 等. 2005. 植物蒸散耗水量测定方法研究进展[J]. 水科学进展, 16(3): 450-459.

宋小宁, 赵英时, 冯晓明. 2007. 基于卫星遥感数据改进区域尺度的显热通量模型[J]. 地理与地理信息科学, 23(1): 36-38.

孙宏勇, 张喜英, 陈素英, 等. 2011. 农田耗水构成、规律及影响因素分析[J]. 中国生态农业学报, 19(5): 1032-1038.

孙慧珍, 周晓峰, 康绍忠. 2004. 应用热技术研究树干液流进展[J]. 应用生态学报, 15(6): 1074-1078.

孙慧珍, 周晓峰, 赵惠勋. 2002. 白桦树干液流的动态研究[J]. 生态学报, 22(9): 1387-1391.

孙鹏森, 马履一, 王小平, 等. 2000. 油松树干液流的时空变异性研究[J]. 北京林业大学学报, 22(5): 1-6.

孙睿, 刘昌明. 2003. 地表水热通量研究进展[J]. 应用生态学报, 14(3): 434-438.

孙守家, 孟平, 张劲松, 等. 2015. 华北低丘山区栓皮栎生态系统氧同位素日变化及蒸散定量区分研究[J]. 生态学报, 55(8): 1-13.

孙双峰, 黄建辉, 林光辉, 等. 2005. 稳定同位素技术在植物水分利用研究中的应用[J]. 生态学报, 25(9): 2362-2371.

孙伟, 林光辉, 陈世萍, 等. 2005. 稳定性同位素技术与 Keeling 曲线法在陆地生态系统碳/水交换研究中的应用[J]. 植物生态学报, 29(5): 851-862.

孙晓敏, 袁国富, 朱治林, 等. 2010. 生态水文过程观测与模拟的发展与展望[J]. 地理科学进展, 29(11): 1293-1300.

孙艳红, 张洪江, 程金花, 等. 2006. 缙云山不同林地类型土壤特性及其水源涵养功能[J]. 水土保持学报, 20(2): 106-109.

覃志豪, 张明华, Kamieli A, 等. 2001. 陆地卫星 TM6 数据演算地表温度的单窗算法[J]. 地理学报, 56(4): 456-466.

唐琦. 2009. 不同地表植被之蒸发散量估测比较[J]. 水土保持研究, 16(6): 235-238.

汪增涛, 孙西欢, 郭向红, 等. 2007. 土壤蒸发研究进展[J]. 山西水利, (1): 76-78.

王安志, 裴铁璠. 2001. 森林蒸散测算方法研究进展与展望[J]. 应用生态学报, 12(6): 933-937.

王安志, 裴铁璠. 2003. 森林蒸散模型参数的确定[J]. 生态学杂志, 14(12): 2153-2156.

王春林, 周国逸, 王旭, 等. 2007. 复杂地形条件下涡度相关法通量测定修正方法分析[J]. 中国农业气象, 28(3): 233-240.

王璁. 2012. 宁夏地区光热资源分布式模拟[D]. 南京: 南京信息工程大学硕士学位论文.

王冬妮, 李国春, 张红玲. 2006. 用 MODIS 数据反演辽西北地区陆面温度[J]. 农业网络信息, 1: 26-28.

王华田, 马履一. 2002. 利用热扩式边材液流探针(TDP)测定树木整株蒸腾耗水量的研究[J]. 植物生态学报, 26(6): 661-667.

王建林, 温学发, 孙晓敏, 等. 2010. 涡动相关系统和小孔径闪烁仪观测的森林显热通量的异同研究[J]. 地球科学进展, 25(11): 1217-1227.

王鹏, 宋献方, 袁瑞强, 等. 2013. 基于氢氧稳定同位素的华北农田夏玉米耗水规律研究[J]. 自然资源学报, 28(3): 481-491.

王淑元, 林升寿. 1995. 我国森林生态系统定位研究站的进展[J]. 世界林业研究, (4): 44-49.

王涛, 包为民, 胡海英, 等. 2008. 氢氧稳定同位素在土壤蒸发规律研究中应用[J]. 中国农村水利水电, (4): 21-25.

王维真, 徐自为, 刘绍民, 等. 2009. 黑河流域不同下垫面水热通量特征分析[J]. 地球科学进展, 24(7): 714-723.

王修信, 王培娟, 朱启疆. 2012. 漓江上游山区复杂地形水热通量的时空变化规律[J]. 农业工程学报, 28(3): 118-122.

王旭军, 吴际友, 廖德志, 等. 2009. 响叶杨光合蒸腾和水分利用效率对光强及 CO_2 浓度升高的响应[J]. 南京林业大学学报, 33(2): 55-59.

王娅娟, 孙丹峰. 2005. 基于遥感的区域蒸散研究进展[J]. 农业工程学报, 21(7): 162-167.

王彦辉, 熊伟, 于澎涛, 等. 2006. 干旱缺水地区森林植被蒸散耗水研究[J]. 中国水土保持科学, 4(4): 19-25.

王艳兵, 德永军, 熊伟, 等. 2013. 华北落叶松夜间树干液流特征及生长季补水格局[J]. 生态学报, 33(5): 1375-1385.

王永森, 陈建生, 汪集旸, 等. 2009. 降雨过程中氢氧稳定同位素理论关系研究[J]. 水科学进展, 20(2): 204-208.

王有恒, 景元书, 郭建侠, 等. 2011. 涡度相关通量修正方法比较[J]. 气象科技, 39(3): 363-368.

温鲁哲, 陈喜, 王川子, 等. 2012. 基于蒸渗仪测量的水文要素影响因素分析[J]. 水土保持研究. 19(4): 252-255.

温学发, 于贵瑞, 孙晓敏, 等. 2005. 复杂地形条件下森林植被湍流通量测定分析[J]. 中国科学: D 辑, 34(S2): 57-66.

温学发, 张世春, 孙晓敏, 等. 2008. 叶片水 $\delta^{18}O$ 富集的研究进展[J]. 植物生态学报, 32(4): 961-966.

邬建国. 2000. 景观生态学——概念与理论[J]. 生态学杂志, 19(1): 42-52.

吴海龙, 余新晓, 张艳, 等. 2013. 异质下垫面显热通量动态变化及对环境因子的响应[J]. 水土保持研究, 20(4): 160-165.

吴洪颜, 申双和, 徐为根, 等. 2000. 关于棉田感热通量和潜热通量的几种计算方法[J]. 气象科学, 20(4): 537-542.

吴力立, 董家文. 1999. 林内蒸发量的研究[J]. 南京林业大学学报(自然科学版), 23(3): 55-59.

吴力立. 2008. 南京城市森林的空气湿度特征[J]. 南京林业大学学报(自然科学版), 32(4): 51-54.

武会欣. 2006. 八达岭林场油松林健康评价[D]. 保定: 河北农业大学硕士学位论文.

武夏宁, 胡铁松, 王修贵, 等. 2006. 区域蒸散发估算测定方法综述[J]. 农业工程学报, 22(10): 257-262.

谢华, 沈荣开. 2001. 用茎流计研究冬小麦蒸腾规律[J]. 灌溉排水, 20(1): 5-9.

辛晓洲, 田国良, 柳钦火. 2003. 地表蒸散定量遥感的研究进展[J]. 遥感学报, 7(3): 233-240.

徐佳佳. 2012. 晋西黄土区主要水土保持树种光合和蒸腾特性研究[D]. 北京: 北京林业大学硕士学位论文.

徐先英, 孙保平, 丁国栋, 等. 2008. 干旱荒漠区典型固沙灌木液流动态变化及其对环境因子的响应[J]. 生态学报, 28(3): 895-905.

徐自为, 黄勇彬, 刘绍民. 2010. 大孔径闪烁仪观测方法的研究[J]. 地球科学进展, 25(11): 1139-1147.

徐自为. 2009. 不同下垫面水热通量变化特征的研究[D]. 北京: 北京师范大学博士学位论文.

许迪, 康绍忠. 2002. 现代节水农业技术研究进展与发展趋势[J]. 高技术通讯, 12(12): 45-50.

闫俊华. 1999. 森林水文学研究进展 (综述)[J]. 热带亚热带植物学报, 7(4): 347-356.

严昌荣, Downey A, 韩兴国, 等. 1999. 北京山区落叶阔叶林中核桃楸在生长中期的树干液流研究[J]. 生态学报, 19(6): 793-797.

严昌荣, 自涛, 蔡绍平, 等. 1998. 稳定性同位素技术在植物水分研究中的应用[J]. 湖北林业科技, 4: 29-33.

阳付林, 张强, 王文玉, 等. 2014. 黄土高原春小麦农田蒸散及其影响因素研究[J]. 生态学报, 34(9): 2323-2328.

杨斌, 谢甫绨, 温学发, 等. 2012. 华北平原农田土壤蒸发 ^{18}O 的日变化特征及其影响因素[J]. 植物生态学报, 36(6): 539-549.

杨红娟, 丛振涛, 雷志栋. 2009. 谐波法与双源模型耦合估算土壤热通量和地表蒸散发[J]. 武汉大学学报(信息科学版), 34(6): 706-710.

杨虎, 杨忠东. 2006. 中国陆地区域陆表温度业务化遥感反演算法及产品运行系统[J]. 遥感学报, 10(4): 600-607.

杨青生, 刘闯. 2004. MODIS 数据陆面温度反演研究[J]. 遥感技术与应用, 19(2): 90-94.

杨新兵. 2007. 华北土石山区典型人工林优势树种及群落耗水规律研究[D]. 北京: 北京林业大学博士学位论文.

杨芝歌. 2013. 北京山区植被——大气界面水碳耦合研究[D]. 北京: 北京林业大学硕士学位论文.

易永红, 杨大文, 刘钰, 等. 2008. 区域蒸散发遥感模型研究的进展[J]. 水利学报, 39(9): 1118-1124.

于文颖, 周广胜, 迟道才, 等. 2008. 盘锦湿地芦苇(*Phragmites communis*)群落蒸发散主导影响因子[J]. 生态学报, 28(9): 4594-4601.

于稀水. 2007. 玉米秸秆覆盖对冬小麦田间蒸发, 蒸散和地温的影响[D]. 杨凌: 西北农林科技大学硕士学位论文.

余新晓, 鲁绍伟, 靳芳, 等. 2005. 中国森林生态系统服务功能价值评估[J]. 生态学报, 8: 2096-2102.

虞沐奎, 姜志林, 鲁小珍, 等. 2003. 火炬松树干液流的研究[J]. 南京林业大学学报, 27(3): 7-10.

袁国富, 张娜, 孙晓敏, 等. 2010. 利用原位连续测定水汽 $\delta^{18}O$ 值 Keeling Plot 方法区分麦田蒸散组分[J]. 植物生态学报, 34(2): 170-178.

苑晶晶. 2008. 利用稳定同位素方法确定冬小麦对地下水利用的研究[D]. 北京: 中国科学院地理科学与资源研究所硕士学位论文.

岳广阳, 张铜会, 刘新平, 等. 2006. 热技术方法测算树木茎流的发展及应用[J]. 林业科学, 42(8): 102-108.

岳广阳, 赵哈林, 张铜会, 等. 2007. 不同天气条件下小叶锦鸡儿茎流及耗水特性水[J]. 应用生态学报, 18(10): 2173-2178.

曾丽红, 宋开山, 张柏, 等. 2008. 应用 Landsat 数据和 SEBAL 模型反演区域蒸散发及其参数估算[J]. 遥感技术与应用, 23(3): 255-263.

张德成, 殷明放, 白冬艳, 等. 2007. 测算辽东山区主要林分类型的蒸发散量[J]. 西北林学院学报, 22(4): 25-29.

张殿君. 2011. SEBAL 模型区域优化及蒸散量与土地利用/覆被变化关系研究[D]. 北京: 北京林业大学硕士学位论文.

张庚军, 卢立新, 蒋玲梅, 等. 2013. SiB2 和 SiB3 对高寒草甸和茶树地表能量通量模拟的比较[J]. 气象学报, 71(4): 692-708.

张家洋, 鲜靖苹, 朱红霞, 等. 2012. 紫金山南坡次生林群落调查研究[J]. 西北师范大学学报(自然科学版), 48(3): 95-103.

张劲松, 孟平, 尹昌君. 2001. 植物蒸散耗水量计算方法综述[J]. 世界林业研究, 14(2): 23-28.

张劲松, 孟平, 郑宁, 等. 2010. 大孔径闪烁仪法测算低丘山地人工混交林显热通量的可行性分析[J]. 地球科学进展, 25(11): 1283-1290.

张仁华, 饶农新, 廖国男. 1996. 植被指数的抗大气影响探讨[J]. 植物学报, (1): 53-62.

张文娟, 张志强, 李湛东, 等. 2009. 城市森林建设四种乔木树种蒸腾耗水特征[J]. 生态学报, 29(11): 5942-5952.

张新民. 2002. 灌水对草坪蒸散和坪草养分吸收特征的影响[D]. 保定: 河北农业大学硕士学位论文.

张秀英, 冯学智. 2006. 基于数字地形模型的山区太阳辐射的时空分布模拟[J]. 高原气象, 25(1): 123-127.

张彦群, 王传宽. 2008. 北方和温带森林生态系统的蒸腾耗水[J]. 应用与环境生物学报, 14(6): 838-845.

张迎辉. 2006. 山东省 14 个造林绿化树种蒸腾耗水性与抗旱性的研究[D]. 济南: 山东农业大学硕士学位论文.

张宇, 宋敏丽, 李利平. 2012. 亚高温下不同空气湿度对番茄光合作用和物质积累的影响[J]. 生态学杂志, 12(2): 257-263.

张志山, 张小由, 谭会娟, 等. 2007. 热平衡技术与气孔计法测定沙生植物蒸腾[J]. 北京林业大学学报, 29(1): 60-66.

章光新, 何岩, 邓伟. 2004. 同位素 D 与 ^{18}O 在水环境中的应用研究进展[J]. 干旱区研究, 21(3): 225-229.

章新平, 田立德, 刘晶淼, 等. 2005. 沿三条水汽输送路径的降水中 δ^{18}O 变化特征[J]. 地理科学, 25(2): 190-196.

赵晓松, 关德新, 吴家兵, 等. 2004. 长白山阔叶红松林的零平面位移和粗糙度[J]. 生态学杂志, 23(5): 84-88.

赵晓松, 刘元波, 彭建, 等. 2010. 地形对区域蒸散的影响研究[C]. 遥感定量反演算法研讨会摘要集, 150-151.

郑宁. 2013. 闪烁仪法准确测算森林生态系统显热通量的湍流理论分析[D]. 北京: 中国林业科学研究院博士学位论文.

郑秋红, 王兵. 2009. 稳定性同位素技术在森林生态系统碳水通量组分区分中的应用[J]. 林业科学研究, 22(1): 109-114.

郑永飞, 陈江峰. 2000. 稳定同位素地球化学[M]. 北京: 科学出版社.

钟晔, 金昌杰, 裴铁. 2005. 水文尺度转换探讨[J]. 应用生态学报, 16(8): 1537-1540.

周国逸, 潘维俦. 1988. 森林生态系统蒸发散计算方法的研究[J]. 中南林学院学报, 8(1): 22-27.

朱劲伟. 1980. 波文比在研究森林蒸发散中的作用及其处理 [J]. 林业科学. (1): 58-61.

朱治林, 孙晓敏, 贾媛媛, 等. 2010. 基于大孔径闪烁仪 (LAS) 测定农田显热通量的不确定性分析[J]. 地球科学进展, 25(11): 88-96.

朱治林, 孙晓敏, 贾媛媛, 等. 2010. 基于大孔径闪烁仪(LAS)测定农田显热通量的不确定性分析[J]. 地球科学进展, 25(11): 1199-1207.

朱治林, 孙晓敏, 袁国富, 等. 2004. 非平坦下垫面涡度相关通量的校正方法及其在 ChinaFLUX 中的应用[J]. 中国科学 D 辑, 34(AO^2): 37-45.

左金清, 王介民, 黄建平, 等. 2010. 半干旱草地地表土壤热通量的计算及其对能量平衡的影响[J]. 高原气象, 29(4): 840-848.

Allen R G, Tasumi M, Morse A, et al. 2007. Satellite-based energy balance for mapping evapotranspiration with internalized calibration (METRIC)—Applications[J]. Journal of Irrigation and Drainage Engineering, 133(4): 395-406.

Allen S J. 1990. Measurement and estimation of evaporation from soil under sparse barley crop in north Syria[J]. Agric and Forest Meteorology, 49: 291-309.

Allen, R G. 2005. The ASCE standardized reference evapotranspiration equation[J]. American Society of Civil Engineers, (2000): 1-11.

Amarakoon D, Chen A, McLean P. 2000. Estimating daytime latent heat flux and evapotranspiration in Jamaica[J]. Agricultural and Forest Meteorology, 102(2): 113-124.

Anderson D E, Verma S B. 1986. Carbon dioxide, water vapor and sensible heat exchanges of a grain sorghum canopy [J]. Boundary-Layer Meteorology, 34(4): 317-331.

Andreas E L. 1988. Estimating Cn2 over snow and sea ice from meteorological data [J]. JOSA A, 5 (4): 481-495.

Andreas E. 1989. Two-wavelength method of measuring path-averaged turbulent surface heat fluxes [J]. Journal of Atmospheric and Oceanic Technology, 6 (2): 280-292.

Araguasaragusa L, Froehlich K, Rozanski K, et al. 2000. Deuterium and oxygen-18 isotope composition of precipitation and atmospheric moisture [J]. Hydrological Processes, 14 (8): 1341-1355.

Baker I T, Denning A S, Stockli R. 2010. North American gross primary productivity: Regional characterization and inter-annual variability[J]. Tellus, 62 (5): 533-549.

Baker I T, Prihodko L, Denning A S, et al. 2008. Seasonal drought stress in the Amazon: Reconciling models and observations [J]. Journal of Geophysical Research: Biogeosciences (2005–2012), 113 (G1): 212-221.

Baker J M, Bavel C H M. 1987. Measurement of mass flow of water in the stems of herbaceous plants [J]. Plant, Cell and Environment, 10 (9): 777-782.

Baldocchi D D, Hincks B B, Meyers T P. 1988. Measuring biosphere-atmosphere exchanges of biologically related gases with micrometeorological methods [J]. Ecology, 69 (5): 1331-1340.

Baldocchi D D. 2003. Assessing the eddy covariance technique for evaluating carbon dioxide exchange rates of ecosystems: past, present and future [J]. Global Change Biology, 9 (4): 479-492.

Barducci A, Pippi I. 1996. Temperature and Emissivity Retrieval from Remotely Sensed Images Using the "Grey Body Emissivity" Method [J]. IEEE Transactions on Geosciences and Remote Sensing, 34: 681-695.

Barnes C J, Allison G B. 1988. Tracing of water movement in the unsaturated zone using stable isotopes of hydrogen and oxygen [J]. Journal of Hydrology, 100: 143-176.

Bastiaanssen W G M, Menenti M, Feddes R A, et al. 1998a. A remote sensing surface energy balance algorithm for land (SEBAL). Part 1. Formulation [J]. Journal of Hydrology, 212: 198-212.

Bastiaanssen W G M, Pelgrum H, Wang J, et al. 1998b. A remote sensing surface energy balance algorithm for land (SEBAL). Part 2: Validation[J]. Journal of Hydrology, 212: 213-229.

Bastiaanssen W G M. 1995. Regionalization of surface flux desities and moisture indicators in composite terrain: a remote sensing approach under clear skies in Mediterranean climates [M]. Holland: Landbouwuniversiteit te Wageningen.

Bastiaanssen W G M. 2000. SEBAL-based sensible and latent heat fluxes in the irrigated Gediz Basin, Turkey [J]. Journal of Hydrology, 229 (1): 87-100.

Bauerle W L, Whitlow T H, Pollock C R, et al. 2002. A laser-diode-based system for measuring sap flow by the heat-pulse method [J]. Agricultural and Forest Meteorology, 110 (4): 275-284.

Beer A. 1852. Bestimmung der Absorption des rothen Lichts in farbigen Flüssigkeiten[J]. Annalen der Physik, 162 (5): 78-88.

Beyrich F, De Bruin H A R, Meijninger W M L, et al. 2002. Results from one-year continuous operation of a large aperture scintillometer over a heterogeneous land surface[J]. Boundary-Layer Meteorology, 105 (1): 85-97.

Blaney H F, Criddle W D. 1952. Determining water requirements in irrigated areas from climatological and irrigation data. Soil Conservation Service Technical Paper 96. Soil Conservation Service, U. S. Dept. of Agriculture: Washington, D. C.

Blöschl G, Sivapalan M. 1995. Scale issues in hydrological modelling: a review [J]. Hydrological Processes, 9 (3-4): 251-290.

Bonan G B, Levis S. 2006. Evaluating aspects of the community land and atmosphere models (CLM3 and CAM3) using a dynamic global vegetation model[J]. Journal of Climate, 19(11): 2290-2301.

Braud I, Bariac T, Gaudet J P, et al. 2005. Isotope, a coupled heat water and stable isotope (HDO and $H_2^{18}O$) transport model for bare soil. Part I. Model description and first verifications [J]. Journal of Hydrology, 309(1/4): 277-300.

Brunel J P, Simpson H J, Herczeg A L, et al. 1992. Stable isotope composition of water-vapor as an indicator of transpiration fluxes from rice crops[J]. Water Resources Research, 28: 1407-1416.

Brunel J P, Walker G R. Kenneft-Smith A K. 1995. Field validation of isotopic procedures for determining sources of water used by plants in a semi-arid environment[J]. Journal of Hydrology, 167: 351-368.

Brunsell N A, Ham J M, Owensby C E. 2008. Assessing the multi-resolution information content of remotely sensed variables and elevation for evapotranspiration in a tall-grass prairie environment [J]. Remote Sensing of Environment, 112(6): 2977-2987.

Brutsaert W. 1982. Evaporation into the Atmosphere: Theory, History and Applications[M]. Dordrecht: Holland, Reidel Company.

Burgess S S, Adams M A, Turner N C, et al. 2000. Characterization of hydrogen isotope profiles in an agroforestry system: implications for tracing water sources of trees [J]. Agricultral Water Management, 45: 229-241.

Buttle J M, Sami K. 1990. Recharge processes during snowmelt: an isotopic and hydrometric investigation [J]. Hydrological Processes, 4(4): 343-360.

Cermak J, Nadezhdina N. 1998. Sapwood as the scaling parameter-defining according to xylem water content or radial pattern of sap flow [J]. Annals of Forest Science, 55: 509-521.

Cernusak L A, Pata J S, Farquhar G D. 2002. Diurnal variation in the stable isotope composition of water and dry matter in fruiting Lupinus angustifolius under field condition[J]. Plant, Cell and Environment, 25(7): 893-907.

Chehbouni A, Nouvellon Y, Lhomme J P, et al. 2001. Estimation of surface sensible heat flux using dual angle observations of radiative surface temperature [J]. Agricultural and Forest Meteorology, 108(1): 55-65.

Chen J H, Kan C E, Tan C H, et al. 2002. Use of spectral information for wetland evapotranspiration assessment [J]. Agricultural Water Management, 55(3): 239-248.

Choudhury B J, Monteith J L. 1988. A four‐layer model for the heat budget of homogeneous land surfaces[J]. Quarterly Journal of the Royal Meteorological Society, 114(480): 373-398.

Cleugh H A, Leuning R, Mu Q, et al. 2007. Regional evaporation estimates from flux tower and MODIS satellite data [J]. Remote Sensing of Environment, 106(3): 285-304.

Craig H, Gordon L I. 1965. Deuterium and oxygen-18 variations in the ocean and the marine atmosphere[J]. Symposium on Marine Geochemisty, 9: 277-374.

Craig H. 1961. Isotope variations in meteoric waters[J]. Science, 133: 1702-1703.

Cushman J H. 1984. On unifying the concepts of scale, instrumentation, and stochastics in the development of multiphase transport theory [J]. Water Resources Research, 20(11): 1668-1676.

Dansgaard W. 1964. Stable isotopes in precipitation [J]. Tellus, 16(4): 436-468.

Dawson T E, Mambelli S, Plamboeck A H, et al. 2002. Stable isotopes in plant ecology[J]. Annual Review of Ecology and Systematics, 33(1): 507-559.

Dawson T E, Pausch R C, Parker H M. 1998. The role of hydrogen and oxygen stable isotopes in understanding water movement along the soil-plant-atmospheric continuum[J]. Stable Isotopes, 169-183.

De Bruin H A R, Keijman J Q. 1979. The Priestley-Taylor evaporation model applied to a large, shallow lake in the Netherlands[J]. Journal of Applied Meteorology, 18(7): 898-903.

De Bruin H A R, Kohsiek W, Van Den Hurk B. 1993. A verification of some methods to determine the fluxes of momentum, sensible heat, and water vapour using standard deviation and structure parameter of scalar meteorological quantities[J]. Boundary-Layer Meteorology, 63(3): 231-257.

Delzon S, Loustau D. 2005. Age-related decline in stand water use: sap flow and transpiration in a pine forest chronosequence[J]. Agricultural and Forest Meteorology, 129(3): 105-119.

Do F, Rocheteau A. 2002. Influence of natural temperature gradients on measurements of xylem sap flow with thermal dissipation probes. 2. Advantages and calibration of a noncontinuous heating system [J]. Tree Physiology, 22(9): 649-654.

Dongmann G, Nurnberg H, Forstel H, et al. 1974. On the enrichment of $H_2^{18}O$ in leaves of transpiring plants[J]. Radiation and Environmental Biophysics, 11(1): 41-52.

Doorenbos J, Pruitt W O. 1977 Guidelines for Predicting Crop Water Requirements [M]. Irrigation and Drainage Paper 24, (1st and 2nd ed), Food and Agriculture Organization of the United Nations, Rome.

Edwards W R N, Booker R E. 1984. Radial variation in the axial conductivity of Populus and its significance in heat pulse velocity measurement [J]. Journal of Experimental Botany, 35(4): 551-561.

Edwards W R N, Warwick N W M. 1984. Transpiration from a kiwifruit vine as estimated by the heat pulse technique and the Penman-Monteith equation [J]. New Zealand Journal of Agricultural Research, 27(4): 537-543.

Edwards W R N. 1991. Operators manual of custom heat velocity data logger[J]. Background Theory Chaper, 2: 3-4.

Ehleringer J R, Bowling D R, Flanagan L B, et al. 2002. Application of stable isotope technique in the research of plant water use [J]. Plant Biology, 4: 181-189.

Ehleringer J R, Dawson T E. 1992. Water uptake by plants: perspectives from stable isotope composition[J]. Plant Cell Environment, 15: 1073-1082.

Ellsworth P Z, Williams D G. 2007. Hydrogen isotope fractionation during water uptake by woody xerophytes [J]. Plant and Soil, 291: 93-107.

Evans J G, McNeil D D, Finch J W, et al. 2012. Determination of turbulent heat fluxes using a large aperture scintillometer over undulating mixed agricultural terrain [J]. Agricultural and Forest Meteorology, 166-167: 221-233.

Farquhar G D, Cernusak L A. 2005. On the isotopic composition of leaf water in the non-steady state[J]. Functional Plant Biology, 32: 293-303.

Farquhar G D, Ehleringer J R, Hubick K T. 1989. Carbon isotopes discrimination and photosynthesis[J]. Annual Review of Plant Physiology and Plant Molecular Biology, 40: 503-537.

Farquhar G D, Gan K S. 2003. On the progressive enrichment of oxygen isotopic composition of water along a leaf[J]. Plant, Cell and Environment, 26: 801-819.

Farquhar G D, Lloyd J, Taylor J A, et al. 1993. Vegetation effects on the isotope composition of oxygen in atmospheric CO2[J]. Nature, 363(6428): 439-443.

Federer C A, Vorosmarty C J, Fekete B. 1996. Intereomparision of methodes for calculating potential evapotranspiration in regional and global water balance models[J]. Water Resources Research, 32(7): 2315-2321.

Ferretti D F, Pendall E, Morgan J A, et al. 2003, Partitioning evapotrans-piration fluxes from a Colorado grassland using stable isotopes: Seasonal variations and ecosystem implications of elevated atmospheric CO_2[J]. Plant and Soil, 254(2): 291-303.

Fisher J B, De Biase T A, Qi Y, et al. 2005. Evapotranspiration models compared on a Sierra Nevada forest ecosystem[J]. Environmental Modelling and Software, 20: 783-796.

Fisher J B, Tu K P, Baldocchi D D. 2008. Global estimates of the land–atmosphere water flux based on monthly AVHRR and ISLSCP-II data, validated at 16 FLUXNET sites [J]. Remote Sensing of Environment, 112(3): 901-919.

Flanagan L B, Marshall J D, Ehleringer J R. 1993. Photosynthetic gas-exchange and the stable-isotope composition of leaf water: comparison of a xylem-tapping mistletoe and its host[J]. Plant, Cell and Environment, 16: 623-631.

Flesch T K, Wilson J D, Yee E. 1995. Backward-time Lagrangian stochastic dispersion models and their application to estimate gaseous emissions[J]. Journal of Applied Meteorology, 34(6): 1320-1332.

Fontenot R L. 2004. An evaluation of reference evapotranspiration models in Louisiana[D]. BatonRouge: Louisiana State University and A and M College.

Franks S W, Beven K J, Quinn P F, et al. 1997. On the sensitivity of soil-vegetation-atmosphere transfer (SVAT) schemes: equifinality and the problem of robust calibration [J]. Agricultural and Forest Meteorology, 86(1): 63-75.

Friedl M A. 1995. Modeling land surface fluxes using a sparse canopy model and radiometric surface temperature measurements [J]. Journal of Geophysical Research: Atmospheres (1984–2012), 100(D12): 25435-25446.

Gat J R. 1996. Oxygen and hydrogen isotopes in the hydrologic cycle[J]. Annual Review of Earth and Planetary Sciences, 24: 225-262.

Gillespie A, Rokugawa S, Matsunaga T. 1998. A temperature and emissivity separation algorithm for Advanced Spaceborne Thermal Emission and Reflection Radiometer (ASTER) images [J]. IEEE Transactions on Geoscience and Remote Sensing, 36: 311-326.

Gillies R R, Kustas W P, Humes K S. 1997. A verification of the "triangle" method for obtaining surface soil water content and energy fluxes from remote measurements of the Normalized Difference Vegetation Index (NDVI) and surface[J]. International Journal of Remote Sensing, 18(15): 3145-3166.

Giorio P, Giovanni G. 2003. Sap flow of several olive trees estimated with the heat-pulse technique by continuous monitoring of a single gauge[J]. Environmental and Experimental Botany, 49: 9-20.

Gochis D J, Cuenca R H. 2000. Plant water use and crop curves for hybrid poplars [J]. Journal of Irrigation and Drainage Engineering, 126: 206-214.

Gonfiantini R, Gratziu S, Tongiorgi E. 1965. Oxygen isotopic composition of water in leaves [J]// Isotopes and Radiation in Soil-Plant Nutrition Studies. International Atomic Energy Agency, Vienna, 405-410.

Granier A, Bobay V, Gash J H C, et al. 1990. Vapour flux density and transpiration rate comparisons in a stand of Maritime pine (*Pinus pinaster Ait.*) in Les Landes forest[J]. Agricultural and Forest Meteorology, 51(3): 309-319.

Granier A. 1987. Evaluation of transpiration in a Douglas-fir stand by means of sap flow measurements [J]. Tree Physiology, 3(4): 309-320.

Greacen E L, Higentt C T. 1984. Water balance under wheat modeled with limited soil data[J]. Agricultural Water Management, 8: 291- 304.

Greenwood E A N, Beresford J D. 1979. Evaporation from vegetation in landscapes developing secondary salinity using the ventilated-chamber technique: I. Comparative transpiration from juvenile Eucalyptus above saline groundwater seeps [J]. Journal of Hydrology, 42(3): 369-382.

Griffis T J, Zhang J, Baker J M, et al. 2007. Determining carbon isotope signatures from micrometeorological measurements: Implications for studying biosphere-atmosphere exchange process[J]. Boundary-Layer Meteorol, 123: 295-316.

Grimmond C S B, Oke T R. 1998. Aerodynamic properties of urban areas derived from analysis of surface form[J]. Journal of Applied Meteorology, 38 (9): 1262-1292.

Hargreaves G H, Allen R G. 2003. History and evaluation of Hargreaves evapotranspiration equation [J]. Journal of Irrigation and Drainage Engineering, 129 (1): 53-63.

Hargreaves G H, Samani Z A. 1985. Reference crop evapotranspiration from temperature[J]. Applied Engineering in Agriculture, l: 96-99.

Harwood K G, Gillon J S, Griffiths H, et al. 1998. Diurnal variation of $\Delta^{13}CO_2$, $\Delta C^{18}O^{16}O$ and evaporative site enrichment of $\delta H_2{}^{18}O$ in Piper aduncum under field conditions in Trinidad[J]. Plant Cell and Environment, 21: 269-283.

Hasselquist N J, Allen M F. 2009. Increasing demands on limited water resources: consequences for two endangered plants in Amargosa Valley, USA [J]. American Journal of Botany, 96 (3): 620-626.

Hatfield J L. 1983. Evapotranspiration obtained from remote sensing methods [C]// Hilled D E. Advances in Irrigation. New York: Academic Press: 395-416.

Hattori S. 1992.The components of forest evapotranspiration[J]//Tsukamoto Y. Foresthdrology. Tokyo: Bun-eido, 78-96.

Helliker B, Griffiths H. 2007. Toward a plant-based proxy for the isotope ratio of atmospheric water vapor[J]. Global Change Biology, 13: 723-733.

Hevesy G. 1940. Application of Radioactive Indicators in Biology[J]. Annual Review of Biochemistry, 9 (9): 641-662.

Hill R J, Clifford S F, Lawrence R S. 1980. Refractive-index and absorption fluctuations in the infrared caused by temperature, humidity, and pressure fluctuations [J]. Journal of the Optical Society of America, 70 (10): 1192-1205.

Hill R J, Ochs G R, Wilson J J. 1992. Measuring surface-layer fluxes of heat and momentum using optical scintillation [J]. Boundary-Layer Meteorology, 58 (4): 391-408.

Hobson K A, Wasenaar L I. 1999. Stable isotope ecology: an introduction[J]. Oecologia, 120: 312-313.

Hoedjes J C B, Zuurbier R M, Watts C J. 2002. Large aperture scintillometer used over a homogeneous irrigated area, partly affected by regional advection [J]. Boundary-Layer Meteorology, 105 (1): 99-117.

Hoefs J. 2002. 稳定同位素地球化学[M]. 4 版. 刘季花, 等译. 北京: 海洋出版社.

Hubbard R M, Bond B J, Ryan M G. 1999. Evidence that hydraulic conductance limits photosynthesis in old Pinus ponderosa trees[J]. Tree Physiology, 19 (3): 165-172.

Huber B, Schmidt E. 1931. Eine kompensationsmethode zur thermoelektrischen messung langsamer saftstrome[J]. Berichteder Dentschen Botanischen Gesellschaft, 55: 514-529.

Huber B. 1932. Observation and measurements of sap flow in plant [J]. Berichteder Dentschen Botanischen Gesellschaft, 50: 89-109.

Hutjes R W A, Kabat P, Running S W, et al. 1998. Biospheric aspects of the hydrological cycle[J]. Journal of Hydrology, 212: 1-21.

Iqbai M. 1983. An Introduction to Solar Radiation [M]. Ontario: Academic Press Canada.

Jackson R D, Reginato R J, Idso S B. 1977. Wheat canopy temperature: a practical tool for evaluating water requirements [J]. Water Resources Research, 13 (3): 651-656.

Jensen M E, Burman R D, Allen R G. 1990. Evapotranspiration and Irrgation Water Requirements. ASCE Mannuals and Reperts of Engineering Practice No. 70. New York: ASCE.

Jensen M E, Haise H R. 1963. Estimating evapotranspiration from solar radiation [J]. Journal of Irrigation and Drainage Division .ASCE, 89: 15-41.

Kalma J D, Jupp D L B. 1990. Estimating evaporation from pasture using infrared thermometry: evaluation of a one-layer resistance model [J]. Agricultural and Forest Meteorology, 51(3): 223-246.

Keeling C D. 1958. The concentration and isotopic abundances of atmospheric carbon dioxide in rural areas[J]. Geochimica et Cosmochimica Acta,13: 322-334.

Knight D H, Fahey T J, Running S W, et al. 1981. Transpiration from 100-yr-old lodgepole pine forests estimated with whole-tree potometers[J]. Ecology, 62(3): 717-726.

Kohsiek W, Meijninger W M L, Moene A F, et al. 2002. An extra-large aperture scintillometer for long range applications [J]. Boundary-Layer Meteorology, 105: 119-127.

Kormann R, Meixner F X. 2001. An analytical footprint model for non-neutral stratification [J]. Boundary-Layer Meteorology, 99(2): 207-224.

Kreith F, Kreider J F. 1978. Principles of Solar Engineering [M]. CRC Press.

Kubota T, Tsuboyama Y. 2004. Estimation of evaporation rate from the forest floor using oxygen-18 and deuterium compositions of throughfall and stream water during a non-storm runoff phase[J]. Journal of Forest Research, 9: 51-55.

Kumar L, Skidmore A K, Knowles E. 1997. Modeling to topographic variation in solar radiation in a GIS environment [J]. International Journal of Geographical Information Science, 11(5): 475-497.

Kustas W P, Choudhury B J, Moran M S, et al. 1989. Determination of sensible heat flux over sparse canopy using thermal infrared data[J]. Agricultural and Forest Meteorology, 44(3): 197-216.

Lai C T, Ehleringer J R, Bond B J, et al. 2006. Contribution of evaporation, isotopic unsteady state transpiration, and atmospheric mixing on the $\delta^{18}O$ of water vapor in Pacific Northwest coniferous forest[J]. Plant, Cell and Environment, 29: 77-94.

Lee X, Sargent S, Tanner B. 2005. In situ measurement of the water vapor $^{18}O/^{16}O$ isotope ratio for atmosphere and ecological applications[J]. Journal of Atmospheric and Oceanic Technology, 22: 555-565.

Leuning R, Zhang Y Q, Rajaud A, et al. 2008. A simple surface conductance model to estimate regional evaporation using MODIS leaf area index and the Penman‐Monteith equation[J]. Water Resources Research, 44(10): 50-55.

Liang S L, Shuey C J. Russ A L,et al. 2003. Narrow band to broadband Conversions of land surface albedo. II-Validation [J]. Remote Sensing of Environment, 84(1): 25-41.

Liang S L. 2001. Narrowband to broadband conversions of land surface albedo. I-Algorithms [J]. Remote Sensing of Environment, 76(2): 213-238.

Linaere E T. 1977. A simple formula for estimating evaporation rates in various climates, using temperature alone[J]. Agricultural Meteorology, 18(6): 409-424.

Liou K N. 2004. 大气辐射导论[M]. 2 版. 北京: 气象出版社.

Liu B L, Phillips F, Hoines S, et al. 1995. Water-movement in desert soil traced by hydrogen and oxygen isotopes, Chloride, and Cl-36, Southern Arizona[J]. Journal of Hydrology, 168(1-4): 91-110.

Liu H, Peters G, Foken T. 2001. New equations for sonic temperature variance and buoyancy heat flux with an omnidirectional sonic anemometer [J]. Boundary-Layer Meteorology, 100(3): 459-468.

Liu S M, Xu Z W, Wang W Z, et al. 2011. A comparison of eddy-covariance and large aperture scintillometer measurements with respect to the energy balance closure problem [J]. Hydrology and Earth System Sciences, 15(4): 1291-1306.

Loumagne C, Chkir N, Normand M, et al. 1996. Introduction of the soil/vegetation/atmosphere continuum in a conceptual rainfall/runoff model [J]. Hydrological Sciences Journal, 41(6): 889-902.

Maguas C, Griffiths H. 2003. Applications of stable isotopes in plant ecology [J]. Progress Botany, 64: 473-505.

Majoube M. 1971. Oxygen-18 and deuterium fractionation between water and steam. Journal De Chinmie Physique Et De Physico-Chimie Biologique, 68: 1423-1436.

Makkink G F. 1957. Testingt he Penman formula by means of lysimeters[J]. Journal of the Institution of Water Engineers, 11(3): 277-288.

Malek E. 1992. Night-time evapotranspiration vs. daytime and 24h evapotranspiration [J]. Journal of Hydrology, 138(1): 119-129.

Marc V, Didon-Lescot J F, Michael C. 2001. Investigation of the hydrological processes using chemical and isotopic tracers in a small Mediterranean forested catchment during autumn recharge [J]. Journal of Hydrology, 247(3/4): 215-229.

Marshall D C. 1958. Measurement of sap flow in conifers by heat transport [J]. Plant Physiology, 33: 385-396.

Martínez-Cob A. 1996. Multivariate geostatistical analysis of evapotranspiration and precipitation in mountainous terrain [J]. Journal of Hydrology, 174(1): 19-35.

Massman W J, Lee X. 2002. Eddy covariance flux corrections and uncertainties in long-term studies of carbon and energy exchanges [J]. Agricultural and Forest Meteorology, 113(1): 121-144.

Mastrorilli M, Katerji N, Rana G, et al. 1998. Daily actual evapotranspiration measured with TDR technique in Mediterranean conditions. Agricultural and Forest Meteorology, 90: 81- 89.

McKinney C R, McCrea J M, Epstein S, et al. 1950. Improvements in mass spectrometers for the measurement of small differences in isotopic abundance ratios[J]. Review of Scientific Instruments, 21: 313-321.

Meijninger W M L, Hartogensis O K, Kohsiek W, et al. 2002. Determination of area-averaged sensible heat fluxes with a large aperture scintillometer over a heterogeneous surface–Flevoland field experiment [J]. Boundary-Layer Meteorology, 105(1): 37-62.

Merlivat L. 1978. Molecular diffusivities of $H_2^{16}O$, $HD^{16}O$, and $H_2^{18}O$ ingases[J]. Journal of Chemical Physics, 69(6): 2864-2871.

Meyers TP, Paw U KT. 1987. Modelling the plant canopy micrometeorology with higher-order closure principles[J]. Agricultural For Meteorology , 41: 143-163.

Migliaccio K W, Barclay S W. 2014. Estimation of urban subtropical bahiagrass (Paspalum notatum) evapotranspiration using crop coefficients and the eddy covariance method [J]. Hydrological Processes, 28(15): 4487-4495.

Mitchell P J,Veneklaas E,Lambers H, et al. 2009. Partitioning of evapo-transpiration in a semi-arid eucalypt woodland in south-western Australia[J]. Agricultural and Forest Meteorology, 149 (1): 25-37.

Mo X G, Liu S X, Lin Z H, et al. 2004. Simulating temporal and spatial variation of evapotranspiration over the Lushi basin[J]. Journal of Hydrology, 285: 125- 142.

Moran M S, Clarke T R, Inoue Y, et al. 1994. Estimating crop water deficit using the relation between surface-air temperature and spectral vegetation index [J]. Remote Sensing of Environment, 49(3): 246-263.

Moran M S, Jackson R D, Raymond L H, et al. 1989. Mapping surface energy balance components by combining Landsat Thematic Mapper and ground-based meteorological data[J]. Remote Sensing of Environment, 30(1): 77-87.

Moran M S, Kustas W P, Vidal A, et al. 1994. Use of ground‐based remotely sensed data for surface energy balance evaluation of a semiarid rangeland [J]. Water Resources Research, 30(5): 1339-1349.

Moreira M Z, Sternberg L L, Martinelli L A, et al. 1997. Contribution of transpiration to forest ambient vapor based on isotopic measurements[J]. Global Change Biology, 3: 439-450.

Mu Q, Heinsch F A, Zhao M, et al. 2007. Development of a global evapotranspiration algorithm based on MODIS and global meteorology data [J]. Remote Sensing of Environment, 111(4): 519-536.

Nieveen J P, Green A E, Kohsiek W. 1998. Using a large-aperture scintillometer to measure absorption and refractive index fluctuations [J]. Boundary-Layer Meteorology, 87(1): 101-116.

Norman J M, Kustas W P, Humes K S. 1995. Source approach for estimating soil and vegetation energy fluxes in observations of directional radiometric surface temperature [J]. Agricultural and Forest Meteorology, 77(3): 263-293.

Ohtaki E. 1984. Application of an infrared carbon dioxide and humidity instrument to studies of turbulent transport [J]. Boundary-Layer Meteorology, 29(1): 85-107.

Olioso A, Chauki H, Courault D, et al. 1999. Estimation of evapotranspiration and photosynthesis by assimilation of remote sensing data into SVAT models [J]. Remote Sensing of Environment, 68(3): 341-356.

Olioso A, Inoue Y, Ortega-Farias S, et al. 2005. Future directions for advanced evapotranspiration modeling: Assimilation of remote sensing data into crop simulation models and SVAT models [J]. Irrigation and Drainage Systems, 19(3-4): 377-412.

Pan M, Wood E F, Wójcik R, et al. 2008. Estimation of regional terrestrial water cycle using multi-sensor remote sensing observations and data assimilation [J]. Remote Sensing of Environment, 112(4): 1282-1294.

Panofsky H A, Dutton J A. 1984. Atmospheric Turbulence: Model and Methods for Engineering Applications [M]. New York: Wiley.

Pauwels V R N, Wood E F. 1999. A soil‐vegetation‐atmosphere transfer scheme for the modeling of water and energy balance processes in high latitudes: 2. Application and validation [J]. Journal of Geophysical Research: Atmospheres (1984–2012), 104(D22): 27823-27839.

Paw U K T, Baldocchi D D, Meyers T P, et al. 2000. Correction of eddy-covariance measurements incorporating both advective effects and density fluxes [J]. Boundary-Layer Meteorology, 97(3): 487-511.

Penman H L. 1948. Natural evaporation from open water, bare soil and grass [J]. Proceedings of the Royal Society of London. Series A. Mathematical and Physical Sciences, 193(1032): 120-145.

Phillips D L, Gregg J W. 2001. Uncertainty in source partitioning using stable isotopes [J]. Oecologia, 127(2): 171-179.

Podder T. 2010. Analysis and study of AI techniques for automatic condition monitoring of railway track infrastructure: Artificial Intelligence Techniques [D]. Falun: Dalarna University.

Price J C. 1990. Using spatial context in satellite data to infer regional scale evapotranspiration [J]. IEEE Transaction on Geoscience and Remote Sensing, 28(5): 940-948.

Pricec J C. 1984. Land surface temperature measurements from split window channel of the NOAA 7 advance very high resolution radiometer [J]. Geophysical Research, 98: 7231-7237.

Priestley C H B, Taylor R J. 1972. on the assessment of surface heat fluxes and evaporation using large scale parameters[J]. Monthly Weather Review, 100: 81-92.

Rana G, Katerji N. 2000. Measurement and estimation of actual evapotranspiration in the field under Mediterranean climate: a review[J]. European Journal of Agronomy, 13(2-3): 125-153.

Raupach M R, Thom A S. 1981. Turbulence in and above plant canopies[J]. Annual Review of Fluid Mechanics, 13(1): 97-129.

Renzullo L J, Barrett D J, Marks A S, et al. 2008. Multi-sensor model-data fusion for estimation of hydrologic and energy flux parameters[J]. Remote Sensing of Environment, 112(4): 1306-1319.

Ritchie J T. 1972. Model for predicting evaporation from a row crop with incomplete cover[J]. Water Resources Research, 8(5): 1024-1213.

Roberts J. 1977. The use of tree-cutting techniques in the study of the water relations of mature Pinus sylvestris L. I. The technique and survey of the results [J]. Journal of Experimental Botany, 28(3): 751-767.

Rosenberg N J, Blad B L, Verma S B. 1983. Microclimate – The Biological Environment of Plants 2nd ed[M]. New York: John Wiley and Sons.

Rothfuss Y, Biron P, Braud I, et al. 2010. Partitioning evapotranspiration fluxes into soil evaporation and plant transpiration using water stable isotopes under controlled conditions[J]. Hydrological Processes, 24: 3177-3194.

Running S W, Nemani R R, Hungerford R D. 1987. Extrapolation of synoptic meteorological data in mountainous terrain and its use for simulating forest evapotranspiration and photosynthesis [J]. Canadian Journal of Forest Research, 17(6): 472-483.

Sakuratani T. 1981. A heat balance method for measuring water flux in the stem of intact plants [J]. Journal of Agricultural Meteorology, 37(1): 9-17.

Saurer M, Robertson I, Siegwolf R,et al. 1998. Oxygen isotope analysis of cellulose: an inter-laboratory comparison [J]. Analytical Chemistry, 70: 2074-2080.

Saurer M, Siegwolf R, Borella S, et al. 1998. Environmental information from stable isotopes in tree rings of Fagus sylvatica[M]//Beniston M, Innes J L. The Impacts of Climate Variability on Forests, Springer: Berlin, 241-253.

Savabi M R, Stockle C O. 2001. Modeling the possible impact of increased CO_2 and temperature on soil water balance, crop yield and soil erosion[J]. Environmental Modelling and Software, 16(7): 631-640.

Saxton K E, Rawls W J, Romberger J S, et al. 1986. Estimating generalized soil-water characteristics from texture[J]. Soil Seienee, 50(4): 1031-1036.

Schaeffer S M, Williams D G, Goodrich D C. 2000. Transpiration of cottonwood/willow forest estimated from sap flux[J]. Agricultural and Forest Meteorology, 105(1): 257-270.

Schmid H P. 1994. Source areas for scalars and scalar fluxes [J]. Boundary-Layer Meteorology, 67(3): 293-318.

Schmid H P. 2002. Footprint modeling for vegetation atmosphere exchange studies: a review and perspective[J]. Agricultural and Forest Meteorology, 113(1): 159-183.

Schotanus P, Nieuwstadt F T M, Bruin H A R D. 1983. Temperature measurement with a sonic anemometer and its application to heat and moisture fluxes[J]. Boundary-Layer Meteorology, 26(1): 81-93.

Schwinning S, Davis K, Richardson L, et al. 2002. Deuterium enriched irrigation indicates different forms of rain use in shrub/grass species of the Colorado Plateau [J]. Oecologia, 130: 345-355.

Seguin B, ITIER B. 1983. Using midday surface temperature to estimate daily evaporation from satellite thermal IR data[J]. International Journal of Remote Sensing, 4(2): 371-383.

Sellers P J, Mintz Y, Sud Y C , et al. 1986. A simple biosphere model (SiB) for use within general circulation models[J]. Journal of Atmosphere Science , 43: 505-531.

Sellers P J, Randall D A, Collatz G J, et al. 1996a. A revised land surface parameterization (SiB2) for atmospheric GCMs. Part I: Model formulation [J]. Journal of Climate, 9(4): 676-705.

Sellers P J, Tucker C J, Collatz G J, et al. 1996b. A revised land surface parameterization (SiB2) for atmospheric GCMs. Part II: The generation of global fields of terrestrial biophysical parameters from satellite data [J]. Journal of Climate, 9(4): 706-737.

Shaw R H, Pereira A R. 1982. Aerodynamic roughness of a plant canopy: a numerical experiment [J]. Agricultural Meteorology, 26(1): 51-65.

Shuttleworth W J, Wallace J S. 1985. Evaporation from sparse crops-an energy combination theory [J]. Quarterly Journal of the Royal Meteorological Society, 111(469): 839-855.

Sobrino J A, Jimenez-Munoza J C, Paolini L. 2003. Land surface temperature retrieval from Landsat TM5 [J]. Remote Sense Environ, 75: 256-266.

Stanhill G. 1969. A Simple instrument for the field measurement of turbulent diffusion flux[J]. Journal of Applied Meteorology, 8(4): 509-513.

Stannard D L. 1993. Comparison of Penman-Monteith, shuttleworth-Wallace, and modified Priestley-Taylor evapotranspiration models for wildland vegetation in semiarid rangeland[J]. Water Resources Research, 29: 1379-1392.

Sternberg L S L. 1989. Oxygen and hydrogen isotopes in plant cellulose: mechanisms and application[M]. Stable Isotopes in Ecological Research, Springer-Verlag, 124 -141.

Swanson R H, Whitfield D W A. 1981. A numerical analysis of heat pulse velocity theory and practice [J]. Journal of Experimental Botany, 32(1): 221-239.

Swanson R H. 1967. Seasonal course of transpiration of lodgepole pine and Engelmann spruce[C]//Proceedings of the International Symposium on Forest Hydrology: 419-433.

Swinbank W C. 1951. The measurement of vertical transfer of heat and water vapor by eddies in the lower atmosphere [J]. Journal of Atmospheric Sciences, 8: 135-145.

Tajchman S J. 1972. The radiation and energy balances of coniferous and deciduous forests[J]. Journal of Applied Ecology, 9: 357.

Tang R L, Li Z L, Tang Blf. 2010. An application of the Ts–VI triangle method with enhanced edges determination for evapotranspiration estimation from MODIS data in arid and semi-arid regions: Implementation and validation [J]. Remote Sensing of Environment, 114(3): 540-551.

Tasumi M, Trezza R, Allen R G, et al. 2005. Operational aspects of satellite-based energy balance models for irrigated crops in the semi-arid US [J]. Irrigation and Drainage Systems, 19(3-4): 355-376.

Taylor P A. 1987. Comments and further analysis on effective roughness lengths for use in numerical three-dimensional models [J]. Boundary-Layer Meteorology, 39(4): 403-418.

Tennekes H. 1973. Similarity laws and scale relations in planetary boundary layers[C].// Hangen D A. Workshop on micrometeorology. Boston: American Meteor Society. 177-216.

Thiermann V, Grassl H. 1992. The measurement of turbulent surface-layer fluxes by use of bichromatic scintillation [J]. Boundary-Layer Meteorology, 58(4): 367-389.

Thomson D J. 1987. Criteria for the selection of stochastic models of particle trajectories in turbulent flows [J]. Journal of Fluid Mechanics, 180(1): 529-556.

Thornthwaite C W. 1948. An approach toward a rational classification of climate[J]. Geographical Review, 38: 55-94.

Timmermans W J, Su Z, Olioso A. 2009. Footprint issues in scintillometry over heterogeneous landscapes [J]. Hydrology and Earth System Sciences, 13(11): 2179-2190.

Todd R W, Evett S R, Howell T A. 2000. The bowen ratio-energy balance method for estimating latent heat flux of irrigated alfalfa evaluated in a semi-arid, advective environment[J]. Agricultural and Forest Meteorology, 103: 335-348.

Torres E A, Calera A. 2010. Bare soil evaporation under high evaporation demand: a proposedmodification to the FAO-56 model [J]. Hydrological Sciences Journal, 55: 303-315.

Troufleau D, L'Homme J P, Monteny B, et al. 1995. Using thermal infrared temperature over sparse semi-arid vegetation for sensible heat flux estimation[C]//Geoscience and Remote Sensing Symposium, 1995. IGARSS'95. Quantitative Remote Sensing for Science and Applications, International. IEEE, 3: 2227-2229.

Tsujimura M, Sasaki L, Yamanaka T, et al. 2007. Vertical distribution of stable isotopic composition in atmospheric water vapor and sub-surface water in grassland and forest sites, eastern Mongolia[J]. Journal of Hydrology, 333 (1): 35- 46.

Tsujimura M, Tanaka T. 1998. Evaluation of evaporation rate from forested soil surface using stable isotopic composition of soil water in a headwater basin [J]. Hydrological Processes, 12: 2093-2103.

Turc L. 1961. Evaluation des besoins en eau d'irrgation, evapotranspiration potentielle, formule climatique simplifee et mise jour (In French) [J]. Annales Agronomiques, 12 (l): 1349.

Turnipseed A A, Anderson D E, Blanken P D, et al. 2003. Airflows and turbulent flux measurements in mountainous terrain: Part 1. Canopy and local effects [J]. Agricultural and Forest Meteorology, 119 (1): 1-21.

Valiantzas J D. 2012. Simplified reference evapotranspiration formula using an empirical impact factor for Penman's aerodynamic term [J]. Journal of Hydrologic Engineering, 18 (1): 108-114.

Valor E, Caselles V. 1996. Mapping land surface emissivity from NDVI: Application to European, African, and south American areas[J]. Remote Sensing of Environment, 57 (3):167-184.

Van De Griend A A, Owe M. 1993. On the relationship between thermal emissivity and the normalized difference vegetation index for natural surfaces[J]. International Journal of Remote Sensing, 14 (6): 1119-1131.

Van der Keur P, Hansen S, Schelde K, et al. 2001. Modification of DAISY SVAT model for potential use of remotely sensed data [J]. Agricultural and Forest Meteorology, 106 (3): 215-231.

Vesala T, Kljun N, Rannik Ü, et al. 2008. Flux and concentration footprint modelling: state of the art [J]. Environmental Pollution, 152 (3): 653-666.

Vesala T, Rannik Ü, Leclerc M, et al. 2004. Flux and concentration footprints [J]. Agricultural and Forest Meteorology, 127 (3): 111-116.

Vickers D, Mahrt L. 1997. Quality control and flux sampling problems for tower and aircraft data [J]. Journal of Atmospheric and Oceanic Technology, 14 (3): 512-526.

Walker C D,Brunel J. 1990. Examining evapotranspiration in a semi-arid region using stable isotopes of hydrogen and oxygen[J]. Journal of Hydrology, 118 (1-4): 55-75.

Wang J, White K, Robinson G J. 2000. Estimating surface net solar radiation by use of Landsat-5 TM and digital elevation models [J]. International Journal of Remote Sensing, 21 (1): 31-43.

Wang P, Song X, Han D, et al. 2010. A study of root water uptake of crops indicated by hydrogen and oxygen stable isotopes: A case in Shanxi Province, China[J]. Agricultural Water Management, 97 (3): 475-482.

Wang T, Ochs G R, Clifford S F. 1978. A saturation-resistant optical scintillometer to measure Cn2 [J]. JOSA, 68 (3): 334-338.

Wang X F, Yakir D. 1995. Temporal and spatial variations in the oxygen-18 content of leaf water in different plant species [J]. Plant Cell and Environment, 18: 1377-1385.

Wang X F, Yakir D. 2000. Using stable isotopes of water in evaportranspiration studies[J]. Hydrological Processes, 14: 1407-1421.

Waters C L, Takahashi K, Lee D H, et al. 2002. Detection of ultralow-frequency cavity modes using spacecraft data[J]. Journal of Geophysical Research, 107(A10): 1284.

Webb E K, Pearman G I, Leuning R. 1980. Correction of flux measurements for density effects due to heat and water vapour transfer [J]. Quarterly Journal of the Royal Meteorological Society, 106(447): 85-100.

Welp L R, Lee X, Kim K, et al. 2008. $\delta^{18}O$ of water vapour,evapotranspiration and the sites of leaf water evaporation in a soybean canopy[J]. Plant, Cell and Environment, 31(9): 1214-1228.

Wen X F, Sun X M, Zhang S C, et al. 2008. Continuous measurement of water vapor $^{18}O/^{16}O$ and 2H/1H isotope ratios in the atmosphere[J]. Journal of Hydrology, 349: 489-500.

Wesely M L. 1976. The combined effect of temperature and humidity fluctuations on refractive index [J]. Journal of Applied Meteorology, 15(1): 43-49.

White J W C, Cook E R, Lawrence J R, et al. 1985. The D/H ratios of sap in trees: Implications of water resources and tree ring D/H ratios [J]. Geochimica et Cosmochimica Acta, 49: 237-246.

White J W C. 1988. Stable hydrogen isotope ratios in plants: a review of current theory and some potential application [M]. Stable Isotopes in Ecological Research, Springer-Verlag,142-162.

Wilczak J M, Oncley S P, Stage S A. 2001. Sonic anemometer tilt correction algorithms [J]. Boundary-Layer Meteorology, 99(1): 127-150.

Williams D G, Cable W, Hultine K, et al. 2004. Evapotranspiration components determined by stable isotope, sap flow and eddy covariance techniques[J]. Agricultural and Forest Meteorology, 125(3-4): 241-258.

Williams D G, Ehleringer J R. 2000. Intra-and interspecific variation for summer precipitation use in pinyon-juniper woodlands [J]. Ecological Monographs, 70(4): 517-573.

Wilson K, Goldstein A, Falge E, et al. 2002. Energy balance closure at FLUXNET sites [J]. Agricultural and Forest Meteorology, 113(1): 223-243.

Wyngaard J C, Izumi Y, Collins J R, et al. 1971. Behavior of the refractive- index- structure parameter near the ground[J]. JOSA, 61(12): 1646-1650.

Wyngaard J C. 1973. On surface layer turbulence[C]//Workshop on Micrometeorology. Bulletin of the American Meteorological Society, 101-149.

Yakir D, Sternberg S L. 2000. The use of stable isotope to study ecosystem gas exchange[J]. Oecologia, 123: 297-311.

Yakir D, Wang X F. 1996. Fluxes of CO_2 and water between terrestrial vegetation and the atmosphere estimated from isotope measurement[J]. Nature, 380: 515-517.

Yamanaka T,Tsujimura M,Sasaki L, et al. 2007. Vertical distribution of stable isotopic composition in atmospheric water vapor and sub-surface water in grassland and forest sites, eastern Mongolia[J]. Journal of Hydrology, 333(1):35- 46.

Yang K, Wang J M. 2008. A temperature prediction-correction method for estimating surface soil heat flux from soil temperature and moisture data [J]. Science in China Series D: Earth Sciences, 51(5): 721-729.

Yepez E A, Huxman T E, Ignace D D, et al. 2005. Dynamics of transpira-tion and evaporation following a moisture pulse in semiarid grassland: A chamber-based isotope method for partitioning flux components[J]. Agricultural and Forest Meteorology, 132(3-4): 359-376.

Yepez E A, Williams D G, Scott R L, et al. 2003. Partitioning over-story and under-story evaportranspiration in a semiarid savanna woodland from the isotopic composition of water vapor[J]. Agricultural and Forest Meteorology, 119: 53-68.

Zeweldi D A, Gebremichael M, Wang J, et al. 2010. Inter-comparison of sensible heat flux from large aperture scintillometer and eddy covariance methods: Field experiment over a homogeneous semi-arid region [J]. Boundary-Layer Meteorology, 135(1): 151-159.

Zhang L, Dawes W R, Walker G R. 2001. Response of mean annual evapotranspiration to vegetation changes at catehment scale[J]. Water Resources Research, 37(3): 701-708.

Zhang S, Wen X, Wang J, et al. 2010. The use of stable isotopes to partition evapotranspiration fluxes into evaporation and transpiration [J]. Acta Ecologica Sinica, 30(4): 201-209.

Zimmermann R, Schulze E D, Wirth C, et al. 2000. Canopy transpiration in a chronosequence of central siberian pine forests[J]. Global Change Biology, 6(1): 25-37.